6　軌跡の方程式の求め方

(I)　条件を満たす点Pの座標を$(x,\ y)$とおいて，x，yの関係式を求める。

(II)　逆に，(I)で求めた関係式を満たす任意の点が，与えられた条件を満たすことを示す。

7　不等式の表す領域

(1)　$y>mx+n \Longrightarrow$ 直線 $y=mx+n$ の上側

$y<mx+n \Longrightarrow$ 直線 $y=mx+n$ の下側

(2)　円 $C:(x-a)^2+(y-b)^2=r^2$ のとき

$(x-a)^2+(y-b)^2<r^2 \Longrightarrow$ 円 C の内部

$(x-a)^2+(y-b)^2>r^2 \Longrightarrow$ 円 C の外部

三　角　関　数

1　一般角

1つの角αの一般角は$\alpha+360^\circ\times n$（nは整数）

2　弧度法

$180^\circ=\pi$ ラジアン

3　三角関数の定義

半径rの円周上の点$\mathrm{P}(x,\ y)$をとり，OPとx軸の正の向きとのなす角をθ（ラジアン）とすると

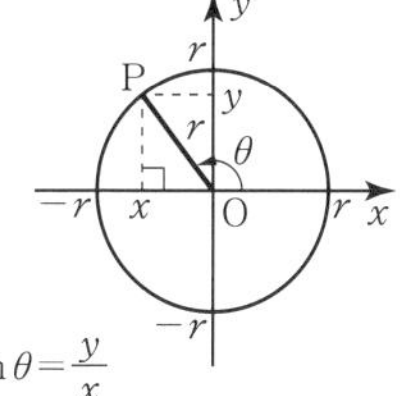

$\sin\theta=\dfrac{y}{r}$，$\cos\theta=\dfrac{x}{r}$，$\tan\theta=\dfrac{y}{x}$

4　三角関数の値の範囲

$-1\leqq\sin\theta\leqq1$，$-1\leqq\cos\theta\leqq1$

$\tan\theta$は実数全体

5　三角関数の相互関係

$$\tan\theta=\frac{\sin\theta}{\cos\theta}$$

$$\sin^2\theta+\cos^2\theta=1$$

$$1+\tan^2\theta=\frac{1}{\cos^2\theta}$$

6　三角関数の性質（複号同順，nは整数）

$$\begin{cases}\sin(\theta+2n\pi)=\sin\theta\\ \cos(\theta+2n\pi)=\cos\theta\\ \tan(\theta+n\pi)=\tan\theta\end{cases}\qquad \begin{cases}\sin(-\theta)=-\sin\theta\\ \cos(-\theta)=\cos\theta\\ \tan(-\theta)=-\tan\theta\end{cases}$$

$$\begin{cases}\sin(\theta+\pi)=-\sin\theta\\ \cos(\theta+\pi)=-\cos\theta\\ \tan(\theta+\pi)=\tan\theta\end{cases}\qquad \begin{cases}\sin\left(\theta+\dfrac{\pi}{2}\right)=\cos\theta\\ \cos\left(\theta+\dfrac{\pi}{2}\right)=-\sin\theta\\ \tan\left(\theta+\dfrac{\pi}{2}\right)=-\dfrac{1}{\tan\theta}\end{cases}$$

7　三角関数のグラフ

周期：$f(x+p)=f(x)$ を満たす正で最小の値 p

・$y=\sin\theta$の周期は2π，

グラフは原点に関して対称（奇関数）

・$y=\cos\theta$の周期は2π，

グラフはy軸に関して対称（偶関数）

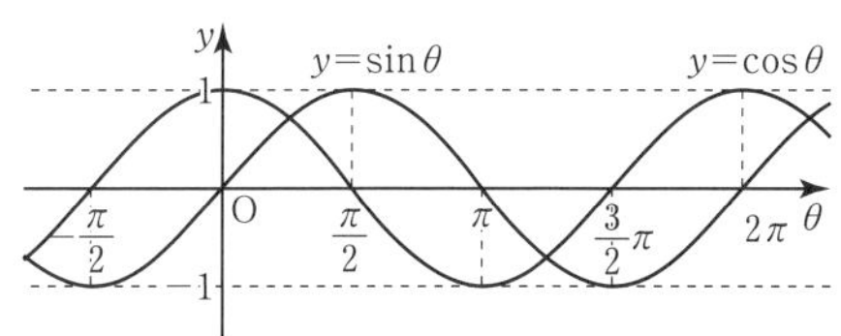

・$y=\tan\theta$の周期はπ，

グラフは原点に関して対称（奇関数）

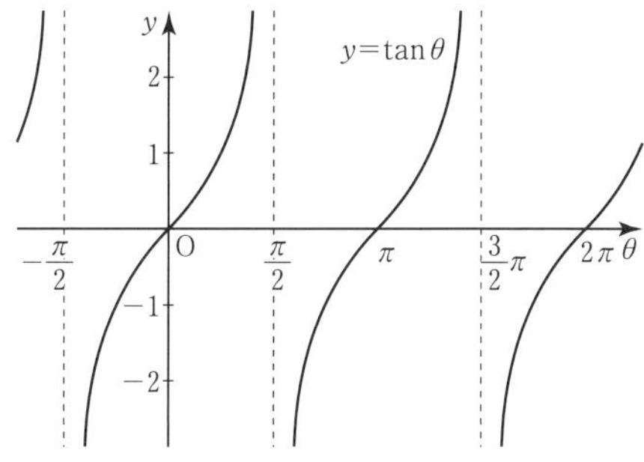

グラフの漸近線は $\theta=\dfrac{\pi}{2}+n\pi$（$n$は整数）

8　三角関数の加法定理（複号同順）

$$\sin(\alpha\pm\beta)=\sin\alpha\cos\beta\pm\cos\alpha\sin\beta$$

$$\cos(\alpha\pm\beta)=\cos\alpha\cos\beta\mp\sin\alpha\sin\beta$$

$$\tan(\alpha\pm\beta)=\frac{\tan\alpha\pm\tan\beta}{1\mp\tan\alpha\tan\beta}$$

9　2倍角の公式

$$\sin2\alpha=2\sin\alpha\cos\alpha$$

$\cos2\alpha=$ [illegible]

$=$ [illegible]

$=$ [illegible]

$\tan2\alpha=$ [illegible]

10　半角[illegible]

$\sin^2\dfrac{\alpha}{2}=$ [illegible]

$$\cos^2\frac{\alpha}{2}=\frac{1+\cos\alpha}{2}$$

$$\tan^2\frac{\alpha}{2}=\frac{1-\cos\alpha}{1+\cos\alpha}$$

11　三角関数の合成

$$a\sin\theta+b\cos\theta=\sqrt{a^2+b^2}\sin(\theta+\alpha)$$

ただし　$\cos\alpha=\dfrac{a}{\sqrt{a^2+b^2}}$

$\sin\alpha=\dfrac{b}{\sqrt{a^2+b^2}}$

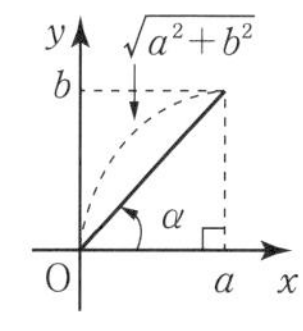

指数関数・対数関数

1 指数の拡張

$a \neq 0$, n が正の整数のとき

$a^0=1$, $a^{-n}=\dfrac{1}{a^n}$

2 累乗根の性質

$a>0$, $b>0$, m, n, p が正の整数のとき

$(\sqrt[n]{a})^n=a$, $\sqrt[n]{a}>0$（n は 2 以上）

$\sqrt[n]{a}\sqrt[n]{b}=\sqrt[n]{ab}$, $\dfrac{\sqrt[n]{a}}{\sqrt[n]{b}}=\sqrt[n]{\dfrac{a}{b}}$, $(\sqrt[n]{a})^m=\sqrt[n]{a^m}$

$\sqrt[m]{\sqrt[n]{a}}=\sqrt[mn]{a}$, $\sqrt[n]{a^m}=\sqrt[np]{a^{mp}}$

3 有理数の指数

$a>0$, m が整数, n が正の整数, r が有理数のとき

$a^{\frac{m}{n}}=\sqrt[n]{a^m}$, $a^{-r}=\dfrac{1}{a^r}$

4 指数法則

$a>0$, $b>0$, p, q が有理数のとき

$a^pa^q=a^{p+q}$, $(a^p)^q=a^{pq}$, $(ab)^p=a^pb^p$

$\dfrac{a^p}{a^q}=a^{p-q}$, $\left(\dfrac{a}{b}\right)^p=\dfrac{a^p}{b^p}$

5 指数関数 $y=a^x$

定義域は実数全体, 値域は $y>0$,
グラフの漸近線は x 軸

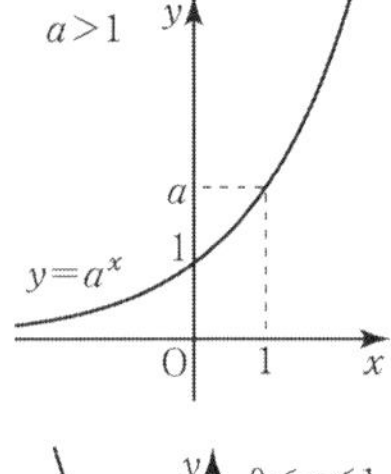

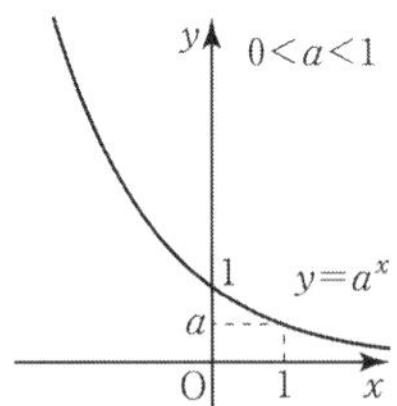

6 指数の大小関係

$a>0$, $a \neq 1$ のとき

・$p=q \iff a^p=a^q$

・$p<q \iff \begin{cases} a^p<a^q & (a>1) \\ a^p>a^q & (0<a<1) \end{cases}$

7 指数と対数の関係

$a>0$, $a \neq 1$, $M>0$ のとき

・$a^p=M \iff p=\log_a M$

・$\log_a a^p=p$

8 対数の性質

$a>0$, $a \neq 1$, $M>0$, $N>0$ のとき

(1) $\log_a 1=0$, $\log_a a=1$

(2) $\log_a MN=\log_a M+\log_a N$

(3) $\log_a \dfrac{M}{N}=\log_a M-\log_a N$

(4) $\log_a M^r=r\log_a M$（r は実数）

(5) $\log_a \dfrac{1}{N}=-\log_a N$

(6) $\log_a \sqrt[n]{M}=\dfrac{1}{n}\log_a M$

(7) 底の変換公式

$a>0$, $b>0$, $c>0$, $a \neq 1$, $c \neq 1$ のとき

$\log_a b=\dfrac{\log_c b}{\log_c a}$

9 対数関数 $y=\log_a x$

定義域は $x>0$, 値域は実数全体,
グラフの漸近線は y 軸

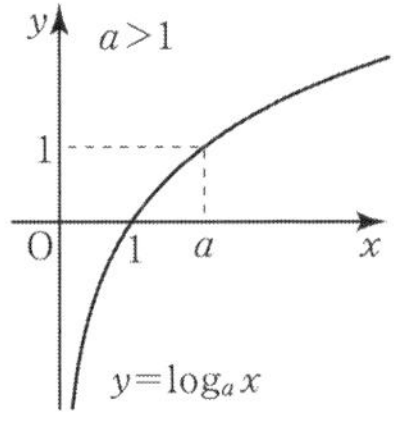

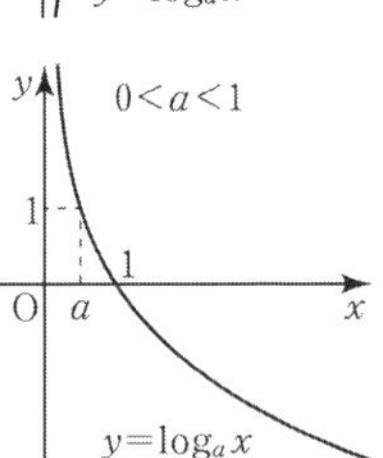

対数関数を含む方程式・不等式では, 対数関数の定義域 $x>0$（真数条件）に注意する。

10 対数の大小関係

$a>0$, $a \neq 1$ のとき

・$p=q \iff \log_a p=\log_a q$

・$p<q \iff \begin{cases} \log_a p<\log_a q & (a>1) \\ \log_a p>\log_a q & (0<a<1) \end{cases}$

11 常用対数 $\log_{10} N$ $(N>0)$

・N の整数部分が n 桁

$\iff 10^{n-1} \leqq N<10^n$

$\iff n-1 \leqq \log_{10} N<n$

・N は小数第 n 位にはじめて 0 でない数字が現れる

$\iff 10^{-n} \leqq N<10^{-n+1}$

$\iff -n \leqq \log_{10} N<-n+1$

Prominence 数学Ⅱ

数学Ⅱ Progress（数Ⅱ703）準拠

本書は，実教出版発行の教科書「数学Ⅱ Progress」の内容に準拠した問題集です。教科書と本書を一緒に勉強することで，教科書の内容を無理なく着実に定着できるよう編修してあります。また，教科書よりもレベルを上げた問題も収録しているので，入試を見据えた応用力も身に付けることができます。

本書の構成

基本事項のまとめ　項目ごとに，重要な事柄や公式などをまとめました。

A　教科書の例，例題相当の練習に対応した，基礎的な問題です。

B　教科書の応用例題相当の練習に対応した問題や，複数の例題にまたがる内容を扱った問題など，基本的な問題です。

㊖p.6 練習1　教科書に関連する内容がある A，B の問題には，教科書の該当ページと，対応する練習問題を示しました。これを活用して教科書で学習した内容を反復することで，基礎・基本をしっかり身に付けることができます。
（　）付きのものは，参考になる内容が教科書にあることを示しています。

C　教科書本文を少し超えた，入試の基礎のレベルの問題です。教科書には扱っていない問題で，特に重要な問題には 例題 を用意し，思考の過程を確認しながら問題を演習することができます。

＊印　＊印のついた問題を演習することで，一通りの学習ができるように配慮しています。

<章末問題>　入試を強く意識した問題を，各章末にまとめて掲載しました。

Prominence　章末問題のうち，特に思考力や表現力が身に付けられるように意識した問題です。

数学Ⅱ

1章 方程式・式と証明

2章 図形と方程式

3章 三角関数

4章 指数関数・対数関数

5章 微分法と積分法

1章 方程式・式と証明

1節 式の計算

1 整式の乗法 ㊖p.6〜7

1 整式の乗法と因数分解

乗法公式(1) $(a+b)^3=a^3+3a^2b+3ab^2+b^3$

$(a-b)^3=a^3-3a^2b+3ab^2-b^3$

(2) $(a+b)(a^2-ab+b^2)=a^3+b^3$

$(a-b)(a^2+ab+b^2)=a^3-b^3$

因数分解の公式 $a^3+b^3=(a+b)(a^2-ab+b^2)$ $a^3-b^3=(a-b)(a^2+ab+b^2)$

A

□1 次の式を展開せよ。 ㊖p.6 練習 1

*(1) $(x+2)^3$ (2) $(x-3)^3$

(3) $(x+4y)^3$ *(4) $(2x-3y)^3$

□2 次の式を展開せよ。 ㊖p.7 練習 2

(1) $(x+4)(x^2-4x+16)$ *(2) $(3a-b)(9a^2+3ab+b^2)$

□3 次の式を因数分解せよ。 ㊖p.7 練習 3

(1) a^3+8 *(2) x^3-64

*(3) $8a^3+27b^3$ (4) $125x^3-8y^3$

B

*□4 次の式を展開せよ。 (㊖p.6 練習 1, p.7 練習 2)

(1) $(a+1)^3(a-1)^3$ (2) $(x+2)(x-2)(x^2+2x+4)(x^2-2x+4)$

□5 次の式を因数分解せよ。 (㊖p.7 練習 3)

(1) $3x^3+\dfrac{1}{9}$ *(2) $(2x-y)^3+(x-2y)^3$

□6 次の式を因数分解せよ。 (㊖p.7 練習 3)

(1) $8x^3-12x^2+6x-1$ *(2) $(x+4)^3+3(x+4)^2+3(x+4)+1$

C

□7 次の式を因数分解せよ。

(1) a^6+7a^3-8 (2) $64x^6-y^6$

2 二項定理

㊖p.8～11

1 $(a+b)^n$ の展開とパスカルの三角形

(i) 各段の両端の数は1である。

(ii) 各段の数は左右対称である。

(iii) 両端の数以外は左上の数と右上の数との和に等しい。

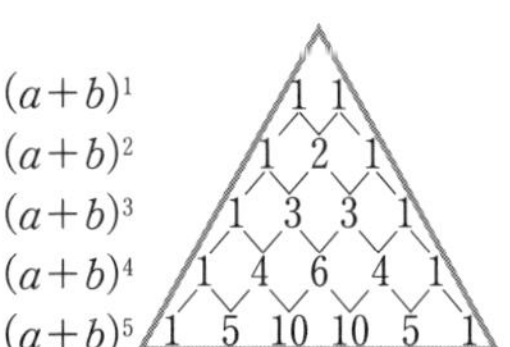

2 二項定理

$$(a+b)^n={}_nC_0a^n+{}_nC_1a^{n-1}b+{}_nC_2a^{n-2}b^2+\cdots\cdots+{}_nC_ra^{n-r}b^r+\cdots\cdots+{}_nC_{n-1}ab^{n-1}+{}_nC_nb^n$$

各項の係数 ${}_nC_0$, ${}_nC_1$, ${}_nC_2$, $\cdots$, ${}_nC_r$, $\cdots$, ${}_nC_{n-1}$, ${}_nC_n$ を **二項係数** といい，

${}_nC_ra^{n-r}b^r$ を $(a+b)^n$ の展開式における **一般項** という。

また，$(a+b+c)^n$ の展開式における $a^pb^qc^r$ の項は

$$\frac{n!}{p!q!r!}a^pb^qc^r \qquad ただし，p+q+r=n$$

(このことを **多項定理** ということがある。)

A

□ **8** パスカルの三角形を用いて，次の式を展開せよ。 ㊖p.8 練習4

*(1) $(a+b)^8$ (2) $(a+b)^9$

□ **9** 二項定理を用いて，次の式を展開せよ。 ㊖p.10 練習5

(1) $(x+1)^6$ (2) $(a-2b)^5$

(3) $\left(x+\dfrac{1}{2}\right)^5$ *(4) $(3x-2y)^4$

□ **10** 次の式の展開式における［ ］内の項の係数を求めよ。 ㊖p.10 練習6

(1) $(x+1)^9$ $[x^6]$ (2) $(2a-1)^8$ $[a^3]$

*(3) $(x^2+3y)^6$ $[x^4y^4]$ (4) $(x^3-2x)^7$ $[x^{11}]$

□ **11** 次の等式が成り立つことを示せ。 ㊖p.10 練習7

*(1) ${}_nC_0+3{}_nC_1+3^2{}_nC_2+\cdots\cdots+3^{n-1}{}_nC_{n-1}+3^n{}_nC_n=4^n$

(2) ${}_nC_0-\dfrac{{}_nC_1}{2}+\dfrac{{}_nC_2}{2^2}-\dfrac{{}_nC_3}{2^3}+\cdots\cdots+(-1)^n\cdot\dfrac{{}_nC_n}{2^n}=\left(\dfrac{1}{2}\right)^n$

B

□ **12** 次の式の展開式における［　］内の項の係数を求めよ。 教 p.11 練習 8

(1) $(a+b+c)^6$ 　$[a^3b^2c]$

(2) $(a+b-c)^7$ 　$[a^2b^3c^2]$

*(3) $(x-y+4z)^8$ 　$[x^3y^3z^2]$

(4) $(2x-3y-z)^5$ 　$[x^2y^2z]$

C

例題 1

次の式の展開式における x^5 の係数を求めよ。

(1) $\left(x^2-\dfrac{3}{x}\right)^7$

(2) $(x^3-x+2)^6$

解答 (1) 展開式における一般項は

$$ {}_7C_r(x^2)^{7-r}\left(-\frac{3}{x}\right)^r={}_7C_r x^{2(7-r)}(-3)^r\left(\frac{1}{x}\right)^r $$

$$ ={}_7C_r(-3)^r\frac{x^{14-2r}}{x^r} $$

$\dfrac{x^{14-2r}}{x^r}=x^5$ とおくと　$x^{14-2r}=x^5x^r$

すなわち　$x^{14-2r}=x^{5+r}$

両辺の x の指数を比較して　$14-2r=5+r$

これから　$r=3$

よって，求める係数は　${}_7C_3(-3)^3=35\cdot(-27)=\mathbf{-945}$ 答

(2) 展開式における一般項は　$\dfrac{6!}{p!q!r!}(x^3)^p(-x)^q2^r=\dfrac{6!}{p!q!r!}(-1)^q2^rx^{3p+q}$

ただし，p，q，r は 0 以上の整数で　$p+q+r=6$ ……①

これが x^5 の項を表すのは　$3p+q=5$ ……②

①，②を満たす p，q，r の組は　$(p,\ q,\ r)=(1,\ 2,\ 3)$，$(0,\ 5,\ 1)$

よって，求める係数は　$\dfrac{6!}{1!2!3!}(-1)^22^3+\dfrac{6!}{0!5!1!}(-1)^52^1=480-12=\mathbf{468}$ 答

□ **13** 次の式の展開式における［　］内のものを求めよ。

(1) $\left(x+\dfrac{2}{x}\right)^9$ 　［x^3 の係数］

(2) $\left(3x^3-\dfrac{1}{x}\right)^8$ 　［定数項］

□ **14** 次の式の展開式における［　］内の項の係数を求めよ。

(1) $(x^2-x+3)^4$ 　$[x^3]$

(2) $(x^2+2x-3)^5$ 　$[x^4]$

3 整式の除法

教 p.12〜14

1 整式の除法

整式 A を 0 でない整式 B で割ったときの商を Q，余りを R とすると

$$A=B\times Q+R \qquad (R\text{の次数})<(B\text{の次数})$$

とくに，$R=0$ となるとき，A は B で **割り切れる** という。

筆算により整式の割り算をする場合，1つの文字について降べきの順に整理し，ある次数の項がないときには，その項の場所をあけて計算する。

A

□*15 整式 A を整式 $4x-1$ で割ったときの商が x^2-x+2 で，余りが 3 である。このとき，整式 A を求めよ。 教 p.13 練習 9

□16 次の整式 A を整式 B で割ったときの商と余りを求めよ。 教 p.13 練習 10

(1) $A=6x^2-5x+2$，$B=2x-3$

*(2) $A=x^3+x^2-7x-4$，$B=x-2$

(3) $A=2x^3-5x^2+x-1$，$B=x^2-x+2$

*(4) $A=3x^3-4x^2-2$，$B=x^2+1$

(5) $A=1-7x^2+x^4$，$B=1-3x+x^2$

□*17 整式 $2x^3-5x^2-4x+16$ を整式 B で割ったときの商が $2x-3$，余りが $-x+7$ であるとき，整式 B を求めよ。 教 p.14 練習 11

B

□18 次の整式 A, B を x についての整式とみて, A を B で割ったときの商と余りを求めよ。

(1) $A=3x^3+xy^2-4y^3$，$B=x-y$ 教 p.14 練習 12

(2) $A=x^3-5xy^2+2y^3$，$B=x^2+2xy-y^2$

□19 整式 x^3+ax^2+bx+4 を整式 x^2+x+1 で割ったときの余りが $5x+7$ であるように，定数 a，b の値を定めよ。また，そのときの商を求めよ。 (教 p.14 練習 11)

□*20 整式 $x^2-xy+2y^2+3x+4y-5$ を整式 $x+2y$ で割るとき，次の問いに答えよ。

(1) x についての整式とみて，割ったときの商と余りを求めよ。 (教 p.14 練習 12)

(2) y についての整式とみて，割ったときの商と余りを求めよ。

4 分数式

教 p.15〜17

1 分数式

分数式　2 つの整式 A，B を用いて $\dfrac{A}{B}$ の形で表され，B に文字を含む式。

このとき，A をその分子，B をその分母という。

整式と分数式を合わせて 有理式 という。

分数式の基本性質　$\dfrac{A}{B}=\dfrac{A\times C}{B\times C}$，$\dfrac{A}{B}=\dfrac{A\div C}{B\div C}$　（ただし，$C\neq 0$）

2 分数式の四則計算

(1) 乗法・除法　$\dfrac{A}{B}\times\dfrac{C}{D}=\dfrac{AC}{BD}$，$\dfrac{A}{B}\div\dfrac{C}{D}=\dfrac{A}{B}\times\dfrac{D}{C}=\dfrac{AD}{BC}$

(2) 加法・減法　$\dfrac{A}{C}+\dfrac{B}{C}=\dfrac{A+B}{C}$，$\dfrac{A}{C}-\dfrac{B}{C}=\dfrac{A-B}{C}$

分母が異なる分数式の加法・減法は，それぞれの分数式の分母と分子に適当な整式を掛けて，分母を同じ分数式に変形（通分）してから計算する。

A

□ **21** 次の分数式を約分せよ。　教 p.15 練習 13

*(1) $\dfrac{15a^3b}{12a^2b^3}$　(2) $\dfrac{18ab^5c^4}{24a^3bc^2}$　*(3) $\dfrac{8a^2b+12ab^2}{16a^2b}$

(4) $\dfrac{x^2-2x-8}{x^2-4}$　*(5) $\dfrac{2x^2-3x-2}{x^2+x-6}$　(6) $\dfrac{x^3+y^3}{x^2+3xy+2y^2}$

□ **22** 次の式を計算せよ。　教 p.16 練習 14

(1) $\dfrac{2x}{x^2-x-2}\times(x+1)$　*(2) $\dfrac{8a^3x^2y}{3b^2}\div\dfrac{4a^5y^3}{9bx^2}$

(3) $\dfrac{a^2-3a}{a^2+2a-3}\times\dfrac{a^2-1}{a^2-9}$　(4) $\dfrac{a^2+a-6}{a^2-4a+3}\div\dfrac{a^2-4a+4}{a^2+a-2}$

*(5) $\dfrac{x^2+2x-8}{2x^2+3x-2}\times\dfrac{2x^2-3x+1}{3x^2-12}$　(6) $\dfrac{2x^2-4x+8}{x^2+2x}\div(x^3+8)$

□ **23** 次の式を計算せよ。　教 p.16 練習 15

(1) $\dfrac{x^2}{x+3}+\dfrac{3x}{x+3}$　(2) $\dfrac{x^2}{x^2-4}-\dfrac{4x-4}{x^2-4}$

(3) $\dfrac{1}{x^3-1}-\dfrac{x}{x^3-1}$　*(4) $\dfrac{a}{a^2-b^2}+\dfrac{b}{b^2-a^2}$

□ **24** 次の式を計算せよ。 (教)p.17 練習 16

(1) $\dfrac{3}{x-3}+\dfrac{5}{x+5}$　　*(2) $\dfrac{x}{x+1}-\dfrac{1}{2x+1}$

(3) $\dfrac{a}{a+b}+\dfrac{b}{a-b}$　　(4) $\dfrac{1}{x-1}+\dfrac{2+x}{2(1-x)}$

□ **25** 次の式を計算せよ。 (教)p.17 練習 16

(1) $\dfrac{x+1}{x-1}-\dfrac{4x}{x^2-1}$　　*(2) $\dfrac{3}{x^2+3x}-\dfrac{4}{x^2+2x-3}$

(3) $\dfrac{x-4}{x^2+x-2}-\dfrac{x-2}{2x^2-3x+1}$　　*(4) $\dfrac{1}{x+1}+\dfrac{3x}{x^3+1}$

□ **26** 次の式を簡単にせよ。 (教)p.17 練習 17

(1) $\dfrac{1+\dfrac{1}{x-1}}{1-\dfrac{1}{x-1}}$　　*(2) $\dfrac{1+\dfrac{1}{x-2}}{x+\dfrac{1}{x-2}}$　　(3) $\dfrac{x-1-\dfrac{x-3}{x+3}}{x+1+\dfrac{x-3}{x+3}}$

B

□ **27** 次の式を計算せよ。 ((教)p.16 練習 14, p.17 練習 16)

*(1) $\dfrac{1}{1-x}+\dfrac{1}{1+x}-\dfrac{2}{1+x^2}$　　(2) $\dfrac{1}{x^2-x}-\dfrac{2}{x^2-1}+\dfrac{3}{x^2+3x}$

(3) $\dfrac{x-2}{2x^2+x-1}+\dfrac{x-7}{2x^2-5x+2}+\dfrac{2x+1}{x^2-x-2}$

*(4) $\dfrac{x^2-3x+2}{x^2+5x+4}\times\dfrac{6x^2+6x}{x^2-4}\div\dfrac{2x^2+6x-8}{x^2+4x+4}$

(5) $\left(1-\dfrac{5}{x^2+1}\right)\div\left(1-\dfrac{2x}{x-2}\right)$　　(6) $\left(\dfrac{a-b}{a+b}+\dfrac{a+b}{a-b}\right)\div\left(\dfrac{b}{a}+\dfrac{a}{b}\right)$

□ **28** 次の式を簡単にせよ。 ((教)p.17 練習 17)

*(1) $\dfrac{\dfrac{1}{x+3}-\dfrac{1}{x-3}}{\dfrac{1}{x+3}+\dfrac{1}{x-3}}$　　(2) $\dfrac{\dfrac{x+y}{x-y}-\dfrac{x-y}{x+y}}{\dfrac{x+y}{x-y}+\dfrac{x-y}{x+y}}$　　(3) $1-\dfrac{1}{1-\dfrac{1}{1-x}}$

C

例題 2

次の式を計算せよ。

(1) $\dfrac{x+1}{x}-\dfrac{x+2}{x+1}-\dfrac{x-3}{x-2}+\dfrac{x-4}{x-3}$

(2) $\dfrac{1}{x(x+1)}+\dfrac{1}{(x+1)(x+2)}+\dfrac{1}{(x+2)(x+3)}$

〈考え方〉 (1) (分子の次数)≧(分母の次数)である分数式は，(整式)＋(分数式)に変形してみる。
(2) 各項の分母の2つの因数の差が1で一定であることに着目して，各項を2つの分数式の差に分解(部分分数分解)してみる。

解答

(1) $(\text{与式})=\dfrac{x+1}{x}-\dfrac{(x+1)+1}{x+1}-\dfrac{(x-2)-1}{x-2}+\dfrac{(x-3)-1}{x-3}$

$=\left(1+\dfrac{1}{x}\right)-\left(1+\dfrac{1}{x+1}\right)-\left(1-\dfrac{1}{x-2}\right)+\left(1-\dfrac{1}{x-3}\right)$

$=\left(\dfrac{1}{x}-\dfrac{1}{x+1}\right)+\left(\dfrac{1}{x-2}-\dfrac{1}{x-3}\right)$ ← 組合せを工夫する。

$=\dfrac{1}{x(x+1)}-\dfrac{1}{(x-2)(x-3)}=\dfrac{(x-2)(x-3)-x(x+1)}{x(x+1)(x-2)(x-3)}$

$=-\dfrac{\mathbf{6(x-1)}}{\mathbf{x(x+1)(x-2)(x-3)}}$ 答

(2) $(\text{与式})=\dfrac{(x+1)-x}{x(x+1)}+\dfrac{(x+2)-(x+1)}{(x+1)(x+2)}+\dfrac{(x+3)-(x+2)}{(x+2)(x+3)}$

$=\left(\dfrac{1}{x}-\dfrac{1}{x+1}\right)+\left(\dfrac{1}{x+1}-\dfrac{1}{x+2}\right)+\left(\dfrac{1}{x+2}-\dfrac{1}{x+3}\right)$

$=\dfrac{1}{x}-\dfrac{1}{x+3}=\dfrac{\mathbf{3}}{\mathbf{x(x+3)}}$ 答

□ **29** 次の式を計算せよ。

(1) $\dfrac{1}{x+1}-\dfrac{1}{x+2}+\dfrac{1}{x-3}-\dfrac{1}{x-4}$

(2) $\dfrac{1}{x}-\dfrac{1}{x-1}-\dfrac{2}{2x+1}+\dfrac{2}{2x-1}$

(3) $\dfrac{x+2}{x}-\dfrac{x+3}{x+1}+\dfrac{x-4}{x-6}-\dfrac{x-5}{x-7}$

(4) $\dfrac{x+2}{x+1}-\dfrac{x+4}{x+3}-\dfrac{x-6}{x-5}+\dfrac{x-8}{x-7}$

□ **30** 次の式を計算せよ。

(1) $\dfrac{2}{x(x+2)}+\dfrac{2}{(x+2)(x+4)}+\dfrac{2}{(x+4)(x+6)}$

(2) $\dfrac{1}{x(x-1)}+\dfrac{1}{(x-1)(x-2)}+\dfrac{1}{(x-2)(x-3)}$

2節 複素数と方程式

1 複素数

教 p.19〜22

1 複素数

虚数単位　2乗すると -1 になる数で，文字 i で表す。すなわち，$i^2=-1$

複素数　$a+bi$（a，b は実数）の形で表される数。a を実部，b を虚部という。

実数 a について，$a=a+0i$ より，複素数は実数を含む。

虚数　虚部が0でない複素数

純虚数　実部が0である，bi の形の虚数

複素数 $a+bi$

実数 $(b=0)$	虚数 $(b\neq 0)$ ［純虚数 $(a=0)$］

2 複素数の相等

a，b，c，d が実数のとき

$a+bi=c+di \iff a=c$ かつ $b=d$

とくに　$a+bi=0 \iff a=0$ かつ $b=0$

3 複素数の計算

共役な複素数 $\overline{\alpha}$　複素数 $\alpha=a+bi$（a，b は実数）に対し，$\overline{\alpha}=a-bi$

複素数の四則計算　a，b，c，d は実数とする。

加法　$(a+bi)+(c+di)=(a+c)+(b+d)i$

減法　$(a+bi)-(c+di)=(a-c)+(b-d)i$

乗法　$(a+bi)(c+di)=(ac-bd)+(ad+bc)i$

除法　$\dfrac{a+bi}{c+di}=\dfrac{(a+bi)(c-di)}{(c+di)(c-di)}=\dfrac{ac+bd}{c^2+d^2}+\dfrac{bc-ad}{c^2+d^2}i$

複素数 α，β に対して　$\alpha\beta=0 \iff \alpha=0$ または $\beta=0$

4 負の数の平方根と虚数単位

$a>0$ のとき　負の数 $-a$ の平方根は $\pm\sqrt{a}\,i$

$a>0$ のとき　$\sqrt{-a}=\sqrt{a}\,i$，とくに　$\sqrt{-1}=i$

A

□ **31** 次の複素数の実部，虚部をいえ。 教 p.19 練習 1

(1) $-3+2i$　*(2) $1-5i$　(3) $\sqrt{7}\,i$　*(4) -6

□ **32** 次の等式を満たす実数 x，y の値を求めよ。 教 p.20 練習 2

(1) $x+yi=4-i$　(2) $x+3i=7+yi$

*(3) $(3x-y)+(x+2y)i=-5+3i$　(4) $(x-2y-7)+(2x+y+1)i=0$

□ **33** 次の計算をせよ。 教 p.20 練習 3

(1) $(4+3i)+(2-5i)$　*(2) $(1+2i)-(3-4i)$　(3) $(2-i)(5+6i)$

*(4) $(1-5i)(3-4i)$　(5) $(4-5i)^2$　*(6) $(7+3i)(7-3i)$

□ **34** 次の複素数について，共役な複素数をいえ。 ㊙p.21 練習 4

*(1) $5+2i$　(2) $1-4i$　(3) $-\sqrt{3}i$　*(4) 5

□ **35** 次の計算をせよ。 ㊙p.21 練習 5

*(1) $\dfrac{5}{2+i}$　(2) $\dfrac{i}{3-4i}$　(3) $\dfrac{1+3i}{1-3i}$　*(4) $\dfrac{-1+2i}{i}$

□ *__36__ 次の計算をせよ。 ㊙p.22 練習 6

(1) $\sqrt{-3}\sqrt{-12}$　(2) $\dfrac{\sqrt{-32}}{\sqrt{-8}}$　(3) $\dfrac{\sqrt{-42}}{\sqrt{6}}$　(4) $\dfrac{\sqrt{24}}{\sqrt{-18}}$

B

□ **37** 次の等式を満たす実数 x，y の値を求めよ。 (㊙p.20 練習 2)

(1) $(4x-3y)+(x-1)i=5+yi$　(2) $(1+2i)x+(3-i)y=7i$

(3) $(1-i)(x+yi)=2-4i$　*(4) $\dfrac{3+yi}{x+i}=1+2i$

□ **38** 次の計算をせよ。 (㊙p.20 練習 3，p.21 練習 5)

*(1) $\dfrac{4-3i}{4+3i}+\dfrac{4+3i}{4-3i}$　(2) $\dfrac{1-5i}{1-i}\times\dfrac{1-3i}{5+i}$　*(3) $\left(\dfrac{\sqrt{3}-i}{\sqrt{3}+i}\right)^2$

(4) $(2+i)^3+(2-i)^3$　(5) $(1+i)(3-i)(4+i)$　(6) $\left(1+i+\dfrac{1}{1-i}\right)\left(1-i-\dfrac{1}{1+i}\right)$

□ **39** 次の計算をせよ。 (㊙p.22 練習 6)

(1) $(\sqrt{-3}+\sqrt{8})(\sqrt{-18}-\sqrt{12})$　(2) $\dfrac{2+\sqrt{-2}}{2-\sqrt{-2}}$　(3) $\left(\dfrac{1+\sqrt{-3}}{2}\right)^3$

C

□ **40** $\alpha=\dfrac{1}{1+2i}$，$\beta=\dfrac{1}{1-2i}$ のとき，次の式の値を求めよ。

(1) $\alpha+\beta$　(2) $\alpha\beta$　(3) $\alpha^2\beta+\alpha\beta^2$

(4) $(\alpha-3)(\beta-3)$　(5) $\alpha^2+\beta^2$　(6) $\alpha^3+\beta^3$

□ **41** 複素数 $\alpha=a(2+i)-1$ について，次のようになるときの実数 a の値を求めよ。

(1) α^2 が実数　(2) α^2 が純虚数

2 2次方程式

教 p.23〜31

1 2次方程式 $ax^2+bx+c=0$ の解（a，b，c は実数）

$$x=\frac{-b\pm\sqrt{b^2-4ac}}{2a}$$

とくに，$ax^2+2b'x+c=0$ の解は　$x=\dfrac{-b'\pm\sqrt{b'^2-ac}}{a}$

2 判別式

a，b，c が実数の2次方程式 $ax^2+bx+c=0$ の解と判別式 $D=b^2-4ac$ について

$D>0 \iff$ 異なる2つの実数解をもつ
$D=0 \iff$ 重解をもつ
（以上2つ：$D\geqq 0 \iff$ 実数解をもつ）
$D<0 \iff$ 異なる2つの虚数解をもつ（互いに共役な虚数解）

$ax^2+2b'x+c=0$ では D のかわりに $\dfrac{D}{4}=b'^2-ac$ を用いてもよい。

（注意）以後，とくに断りがない場合は，方程式の係数はすべて実数とする。

A

□ **42** 次の2次方程式を解け。 教 p.23 練習7

(1) $x^2-3x+4=0$　　*(2) $2x^2+5x+4=0$

(3) $3x^2-4x+8=0$　　*(4) $-x^2+6x-3=0$

(5) $-x^2+\sqrt{3}x-\dfrac{3}{4}=0$　　(6) $4x(x+2)=-5$

□ **43** 次の2次方程式の解を判別せよ。 教 p.25 練習8

(1) $x^2+7x+9=0$　　(2) $2x^2-5x+6=0$

*(3) $5x^2+3x-1=0$　　(4) $-3x^2+x-2=0$

(5) $x^2+\dfrac{2}{3}x+\dfrac{1}{6}=0$　　*(6) $x^2+\sqrt{6}x+\dfrac{3}{2}=0$

□ **44** a を定数とするとき，次の2次方程式の解を判別せよ。 教 p.25 練習9

(1) $x^2+ax+2a-3=0$　　*(2) $3x^2-2ax+a=0$

B

□ **45** 次の2次方程式が重解をもつとき，定数 m の値を求めよ。また，そのときの重解を求めよ。 （教 p.25 練習9）

*(1) $x^2+mx-m+3=0$　　(2) $2x^2-2(m-4)x+m=0$

□ **46** 次の条件を満たすような定数 k の値の範囲を求めよ。 (教 p.25 練習 9)

(1) 2 次方程式 $x^2-4kx-3k+1=0$ が異なる 2 つの実数解をもつ。

(2) 2 次方程式 $x^2-kx+k^2-3=0$ が虚数解をもつ。

□ **47** 2 つの 2 次方程式 $x^2+2kx+2k^2-4=0$, $x^2-2x+k=0$ について，次の条件を満たすような，定数 k の値の範囲を求めよ。 (教 p.25 練習 9)

(1) ともに実数解をもつ　　(2) 一方が実数解をもち，他方が虚数解をもつ

□ **48** a を定数とするとき，次の 2 次方程式の解を判別せよ。 (教 p.25 練習 9)

(1) $x^2+(a-4)x-2a+3=0$　　(2) $5x^2-4ax+a^2-2a+5=0$

C

例題 3

k を定数とするとき，方程式 $kx^2+(k-3)x+1=0$ の解を判別せよ。

〈考え方〉 単に「方程式」とあるので，(x^2 の係数)$=0$ の場合は 1 次方程式になることに注意する。

解答 $k\neq 0$ のとき，方程式は 2 次方程式となるから，判別式を D とすると

$D=(k-3)^2-4k=k^2-10k+9=(k-1)(k-9)$ より

$D>0$，すなわち　**$k<0$，$0<k<1$，$9<k$ のとき，異なる 2 つの実数解**

$D=0$，すなわち　**$k=1$，9 のとき，重解**

$D<0$，すなわち　**$1<k<9$ のとき，異なる 2 つの虚数解**

$k=0$ のとき，方程式は 1 次方程式 $-3x+1=0$ となるから，**1 つの実数解**　答

□ **49** k を定数とするとき，次の方程式の解を判別せよ。

(1) $kx^2-6x+3=0$　　(2) $(k-1)x^2-2kx+k+2=0$

例題 4

等式 $(1+i)x^2-(1-4i)x-2+3i=0$ を満たす実数 x を求めよ。

〈考え方〉 係数に虚数が含まれる場合は，$A+Bi=0$ (A，B は実数) の形に整理する。

解答 与えられた等式を変形して　$(x^2-x-2)+(x^2+4x+3)i=0$

x が実数のとき，x^2-x-2，x^2+4x+3 はともに実数であるから

$x^2-x-2=0$ ……①　かつ　$x^2+4x+3=0$ ……②

①より　$(x+1)(x-2)=0$　よって　$x=-1$，2

②より　$(x+1)(x+3)=0$　よって　$x=-1$，-3

ゆえに，求める実数 x は　**$x=-1$**　答　← ①，②をともに満たす。

□ **50** 等式 $(2+i)x^2+(5-i)x+2-6i=0$ を満たす実数 x を求めよ。

3 解と係数の関係

2次方程式 $ax^2+bx+c=0$ の2つの解を α, β とすると

$$\alpha+\beta=-\frac{b}{a},\ \alpha\beta=\frac{c}{a}$$

4 2次式の因数分解

2次方程式 $ax^2+bx+c=0$ の2つの解を α, β とすると

$$ax^2+bx+c=a(x-\alpha)(x-\beta)$$

5 2つの数を解とする2次方程式

$\alpha+\beta=p$, $\alpha\beta=q$ のとき，α, β を解とする2次方程式の1つは　$x^2-px+q=0$

6 1つの虚数解が与えられた2次方程式

係数がすべて実数である2次方程式が虚数解 $p+qi$（p, q は実数）をもつとき，これと共役な複素数 $p-qi$ も解である。

7 2次方程式の実数解の符号

2次方程式 $ax^2+bx+c=0$ の2つの解を α, β とし，判別式を D とする。

(1) α と β がともに正 $\iff D\geqq 0,\ \alpha+\beta>0,\ \alpha\beta>0$

(2) α と β がともに負 $\iff D\geqq 0,\ \alpha+\beta<0,\ \alpha\beta>0$

(3) α と β が異符号　$\iff \alpha\beta<0$

A

□ **51** 次の2次方程式の2つの解 α, β の和と積を求めよ。 教 p.26 練習 10

*(1) $x^2+3x+6=0$　(2) $2x^2-5x+7=0$　(3) $6x^2-4x-3=0$

(4) $-4x^2-x+2=0$　*(5) $\frac{1}{2}x^2+\frac{2}{3}x-\frac{3}{4}=0$　(6) $3x^2+4=0$

□ **52** 2次方程式 $2x^2-4x+3=0$ の2つの解を α, β とするとき，次の式の値を求めよ。 教 p.27 練習 11

*(1) $(\alpha-2)(\beta-2)$　*(2) $\alpha^2+\beta^2$　(3) $(\alpha-\beta)^2$

(4) $\alpha^3+\beta^3$　*(5) $\frac{\beta^2}{\alpha}+\frac{\alpha^2}{\beta}$　(6) $\frac{\beta}{\alpha-1}+\frac{\alpha}{\beta-1}$

□* **53** 2次方程式 $x^2-10x+k=0$ について，2つの解の比が $2:3$ であるとき，定数 k の値と2つの解を求めよ。 教 p.27 練習 12

□ **54** 次の2次式を複素数の範囲で因数分解せよ。 教 p.28 練習 13

*(1) x^2-3x+1　*(2) $2x^2-5x+4$　(3) $3x^2+4x-2$

(4) $x^2-6x+10$　*(5) $4x^2+9$　(6) $9x^2+12x+5$

□ **55** 次の 2 つの数を解とする 2 次方程式を 1 つ作れ。 ㊙p.29 練習 14

*(1) -3, 5　(2) $\dfrac{-2+\sqrt{5}}{3}$, $\dfrac{-2-\sqrt{5}}{3}$　*(3) $\dfrac{1+3i}{4}$, $\dfrac{1-3i}{4}$

□ **56** 2 次方程式 $x^2-2x+3=0$ の 2 つの解を α, β とするとき，次の 2 つの数を解とする 2 次方程式を 1 つ作れ。 ㊙p.29 練習 15

(1) $3-\alpha$, $3-\beta$　*(2) $\dfrac{1}{\alpha}$, $\dfrac{1}{\beta}$　(3) α^2, β^2

□ *__57__ 2 次方程式 $x^2+ax+b=0$ の解の 1 つが $-1+4i$ であるとき，実数の定数 a, b の値を求めよ。 ㊙p.30 練習 16

B

□ **58** 2 次方程式 $x^2+kx-k+8=0$ が，次の条件を満たすように，定数 k の値の範囲を定めよ。 ㊙p.31 練習 17

(1) 異なる 2 つの正の解をもつ　*(2) 異なる 2 つの負の解をもつ

*(3) 正の解と負の解をもつ

□ **59** 次の条件を満たすような定数 k の値を求めよ。また，そのときの 2 つの解を求めよ。

(1) 2 次方程式 $x^2+kx-3=0$ の 2 つの解の差が 4 である。 (㊙p.27 練習 12)

(2) 2 次方程式 $x^2-6x+k=0$ の 1 つの解が他の解の平方である。

□ **60** 解と係数の関係を利用して，次の連立方程式を解け。 (㊙p.29 練習 14)

*(1) $\begin{cases} x+y=4 \\ xy=-12 \end{cases}$　(2) $\begin{cases} x^2-xy+y^2=-8 \\ x+y=2 \end{cases}$

□ **61** 2 次方程式 $x^2+ax+b=0$ の 2 つの解に，それぞれ 1 を加えた数を解にもつ 2 次方程式が $x^2+bx+a-7=0$ であるとき，定数 a, b の値を求めよ。 (㊙p.29 練習 15)

□ **62** 次の式を，①有理数　②実数　③複素数　の各範囲で因数分解せよ。

(1) x^4+7x^2-18　(2) $3x^4+11x^2-4$ (㊙p.28 練習 13)

C

例題 5

$x^2+(k+3)x-k$ が 1 次式の平方となるように，定数 k の値を定めよ。

〈考え方〉 x^2+px+q が 1 次式の平方 $(x-\alpha)^2$ となるとき，2 次方程式 $x^2+px+q=0$ は重解をもつ。

解答 2 次方程式 $x^2+(k+3)x-k=0$ ……① の判別式を D とすると

$$D=(k+3)^2-4\cdot1\cdot(-k)$$
$$=k^2+10k+9=(k+1)(k+9)$$

$x^2+(k+3)x-k$ が 1 次式の平方となるとき，2 次方程式①は重解をもつ。

このとき，$D=0$ より　$(k+1)(k+9)=0$

これを解いて　$\boldsymbol{k=-1,\ -9}$ 答

□ **63** $x^2-2kx+3k+4$ が 1 次式の平方となるように，定数 k の値を定めよ。

例題 6

2 次方程式 $x^2-2kx+k+6=0$ の 2 つの解 α，β がともに 1 より大きくなるような，定数 k の値の範囲を求めよ。

〈考え方〉 α，β が実数のとき，$\alpha>1$ かつ $\beta>1 \iff (\alpha-1)+(\beta-1)>0$ かつ $(\alpha-1)(\beta-1)>0$

解答 与えられた 2 次方程式の判別式を D とすると

$$\frac{D}{4}=k^2-(k+6)=(k+2)(k-3)$$

2 つの解がともに実数解であるから　$D\geqq0$

$(k+2)(k-3)\geqq0$　より　$k\leqq-2,\ 3\leqq k$ ……①

このとき，2 つの実数解 α，β がともに 1 より大きくなるには

$(\alpha-1)+(\beta-1)>0$　かつ　$(\alpha-1)(\beta-1)>0$

すなわち　$\alpha+\beta>2$　かつ　$\alpha\beta-(\alpha+\beta)+1>0$

ここで，解と係数の関係から　$\alpha+\beta=2k$，$\alpha\beta=k+6$ であるから

$2k>2$ より　$k>1$ ……②

$(k+6)-2k+1>0$ より　$k<7$ ……③

よって，①，②，③の共通範囲を求めて　$\boldsymbol{3\leqq k<7}$ 答

□ **64** 2 次方程式 $x^2+kx-2k+5=0$ の 2 つの解が次の条件を満たすような，定数 k の値の範囲を求めよ。

(1) 2 つの解がともに 1 より大きい

(2) 2 つの解がともに 1 より小さい

(3) 1 つの解が 1 より大きく，他の解が 1 より小さい

3 剰余の定理と因数定理

教 p.32〜34

1 剰余の定理

整式 $P(x)$ を 1 次式 $x-\alpha$ で割ったときの余りは　$P(\alpha)$

整式 $P(x)$ を 1 次式 $ax+b$ で割ったときの余りは　$P\left(-\dfrac{b}{a}\right)$

2 2 次式で割ったときの余り

整式 $P(x)$ を x の 2 次式で割ったときの余りは 1 次式または定数となるから，余りは $ax+b$ の形で表される。

3 因数定理

整式 $P(x)$ が $x-\alpha$ を因数にもつ $\iff$ $P(\alpha)=0$

因数の見つけ方　$\pm\dfrac{\text{定数項の約数}}{\text{最大次数項の係数の約数}}$ を代入して 0 になるかを調べるとよい。

A

□ **65** 次の式を［　］内の式で割ったときの余りを求めよ。 教 p.32 練習 18

*(1)　x^2-4x+5　$[x-2]$　　(2)　x^3-6x^2-4x+8　$[x+1]$

*(3)　$2x^3-5x^2-7x+9$　$[x+2]$　　(4)　$3x^3-4x^2-11x-12$　$[x-3]$

□ **66** 次の式を［　］内の式で割ったときの余りを求めよ。 教 p.32 練習 19

(1)　$2x^3+7x^2-5x-3$　$[2x+1]$　　*(2)　$3x^3-5x^2-x+4$　$[3x-2]$

□ **67** 次の条件を満たすような定数 a の値を求めよ。 教 p.33 練習 20

*(1)　x^3+ax^2-4x-2 を $x-3$ で割ったときの余りが -5 になる。

(2)　$x^3-5x^2+ax-2a$ を $x+1$ で割ったときの余りが 3 になる。

*(3)　$x^3+ax^2-4ax+12$ は $x-2$ で割り切れる。

□ **68** $x-1$，$x+1$，$x-2$，$x+2$，$x-3$ のうち，次の整式の因数であるものはどれか。

(1)　x^3+2x^2-5x-6　　*(2)　$x^3-4x^2-3x+18$ 教 p.34 練習 22

□ **69** 次の式を因数分解せよ。 教 p.34 練習 23

*(1)　x^3+x^2-5x+3　　(2)　x^3-4x^2+x+6

(3)　$x^3-3x^2-10x+24$　　(4)　$2x^3-3x^2-11x+6$

B

□ *70 整式 $P(x)$ を $x-2$ で割ると 3 余り，$x+4$ で割ると -9 余る。$P(x)$ を $(x-2)(x+4)$ で割ったときの余りを求めよ。 (教 p.33 練習 21)

□ 71 整式 x^3+ax^2+bx-2 を $x-1$ で割ると 1 余り，$x+2$ で割ると 4 余る。定数 a，b の値を求めよ。 (教 p.33 練習 20)

□ *72 整式 $P(x)$ を x^2+x-6 で割ると $4x+5$ 余る。$P(x)$ を $x-2$，$x+3$ で割ったときの余りをそれぞれ求めよ。 (教 p.33 練習 21)

□ 73 整式 $x^{11}+x^2+1$ を x^2-1 で割ったときの余りを求めよ。 (教 p.33 練習 21)

C

□ 74 整式 $P(x)$ は x^2-2x-3 で割ると $-x+5$ 余り，そのときの商を $x-4$ で割ると 1 余る。$P(x)$ を $x-4$ で割ったときの余りを求めよ。

例題 7

整式 $P(x)$ は $(x-1)^2$ で割り切れ，$x+1$ で割ると 8 余る。
$P(x)$ を $(x-1)^2(x+1)$ で割ったときの余りを求めよ。

〈考え方〉 整式 $P(x)$ を 3 次式 $(x-1)^2(x+1)$ で割ったときの余りは ax^2+bx+c とおける。
$P(x)$ が $(x-1)^2$ で割り切れることから，ax^2+bx+c は $(x-1)^2$ で割り切れる。

解答 整式 $P(x)$ を $(x-1)^2(x+1)$ で割ったときの商を $Q(x)$ とし，
余りを ax^2+bx+c とおくと

$$P(x)=(x-1)^2(x+1)Q(x)+ax^2+bx+c \quad \cdots\cdots ①$$

$P(x)$ は $(x-1)^2$ で割り切れるから，
ax^2+bx+c は $(x-1)^2$ で割り切れる。

右の計算から $\begin{cases} 2a+b=0 & \cdots\cdots ② \\ -a+c=0 & \cdots\cdots ③ \end{cases}$

$$\begin{array}{r} a \qquad\qquad\quad \\ x^2-2x+1 \overline{)\, ax^2+ \qquad bx+c} \\ \underline{ax^2- \quad 2ax+a} \\ (2a+b)x-a+c \end{array}$$

また，$P(x)$ を $x+1$ で割ると 8 余るから　$P(-1)=8$

①より　$a-b+c=8$　……④ ← $P(-1)=4\cdot0\cdot Q(-1)+a-b+c$

②，③，④を解いて　$a=2$，$b=-4$，$c=2$

よって，求める余りは　$\boldsymbol{2x^2-4x+2}$　答

□ 75 整式 $P(x)$ は $(x-3)^2$ で割り切れ，$x-1$ で割ると -4 余る。
$P(x)$ を $(x-3)^2(x-1)$ で割ったときの余りを求めよ。

4 高次方程式

㊇p.35〜37

① 因数分解の公式を用いた解法　② 因数定理を用いた因数分解による解法

高次方程式 $P(x)=0$ は，$P(x)$ を因数分解の公式や因数定理を用いて 1 次式や 2 次式の積に因数分解して解く。

3 乗して a になる数，すなわち，$x^3=a$ の解を a の 3 乗根 または 立方根 という。
1 の 3 乗根のうち虚数であるものの 1 つを ω とすると
(1) 1 の 3 乗根は，1，ω，ω^2　(2) $1+\omega+\omega^2=0$，$\omega^3=1$

③ 1 つの虚数解が与えられた高次方程式

係数がすべて実数である高次方程式が虚数解 $p+qi$（p，q は実数）をもつとき，それと共役な複素数 $p-qi$ も解である。

A

□ **76** 次の方程式を解け。 ㊇p.35 練習 24

*(1) $x^3+8=0$　(2) $x^3=-27$　(3) $64x^3-1=0$

□ ***77** 1 の 3 乗根のうち虚数であるものの 1 つを ω とするとき，次の式の値を求めよ。

(1) $1+\omega^4+\omega^8$　(2) $\dfrac{1}{\omega^{10}}+\dfrac{1}{\omega^5}$　(3) $(\omega-1)(\omega+2)$ ㊇p.35 練習 25

□ **78** 次の方程式を解け。 ㊇p.36 練習 26

(1) $x^4-81=0$　*(2) $x^4+5x^2-14=0$
*(3) $(x^2-4x)^2+7(x^2-4x)+12=0$　*(4) $x^4-12x^2+16=0$

□ **79** 次の方程式を解け。 ㊇p.36 練習 27

*(1) $x^3-5x^2+7x-2=0$　(2) $x^3+3x^2+4x+4=0$
(3) $x^3-x^2-2x-12=0$　*(4) $3x^3+4x^2-x+6=0$

□ **80** 次の方程式を解け。 ㊇p.36 練習 28

(1) $3x^3+x^2+x-2=0$　*(2) $6x^3-x^2+2x+1=0$

B

□ ***81** 3 次方程式 $2x^3+ax^2-6x+b=0$ が 1 と 3 を解にもつとき，定数 a，b の値を求めよ。また，他の解を求めよ。 (㊇p.36 練習 27)

□ *82　3 次方程式 $x^3+ax^2+bx+10=0$ の解の 1 つが $3-i$ であるとき，実数の定数 a，b の値を求めよ。また，他の解を求めよ。 (教) p.37 練習 29

□ 83　次の方程式を解け。 (教) p.36 練習 26，27)

(1)　$(x-1)(x-2)(x-3)=4\cdot3\cdot2$　　*(2)　$(x^2+x-1)(x^2+x-7)=-5$

(3)　$x(x+1)(x+2)(x+3)-3=0$　　(4)　$x^4-4x+3=0$

*(5)　$x^4+3x^3+x^2-3x-2=0$　　(6)　$x^4+2x^3+2x^2+7x+6=0$

□ 84　立方体の底面の縦と横の長さをそれぞれ 6 cm ずつ伸ばし，高さを 2 cm 縮めて直方体を作ったら，体積がもとの立方体の体積の 3 倍になった。もとの立方体の 1 辺の長さを求めよ。 (教) p.36 練習 27，28)

C

□ 85　$P(x)=x^3+(a-1)x+a$ について，次の問いに答えよ。

(1)　$P(-1)$ の値を求めよ。

(2)　$P(x)$ を因数分解せよ。

(3)　3 次方程式 $P(x)=0$ の異なる実数解が 2 個であるように，定数 a の値を定めよ。

□ 86　3 次方程式 $x^3+ax+b=0$ が 2 重解 $x=1$ をもつとき，実数の定数 a，b の値と他の解を求めよ。

例題 8

$x=1+\sqrt{3}i$ のとき，$P(x)=x^3+3x^2-4x+18$ の値を求めよ。

〈考え方〉 $1+\sqrt{3}i$ を解にもつ係数が有理数の 2 次方程式 $f(x)=0$ を作り，$P(x)$ を $f(x)$ で割った式と $f(1+\sqrt{3}i)=0$ であることを利用して求める。

解答　$x=1+\sqrt{3}i$ より　$x-1=\sqrt{3}i$

両辺を 2 乗して　$(x-1)^2=-3$

すなわち　$x^2-2x+4=0$

$P(x)$ を x^2-2x+4 で割ると，右の計算から

$$P(x)=(x^2-2x+4)(x+5)+2x-2$$

よって　$P(1+\sqrt{3}i)=0\cdot(1+\sqrt{3}i+5)+2(1+\sqrt{3}i)-2$

$=2+2\sqrt{3}i-2=\mathbf{2\sqrt{3}i}$　答

$$\begin{array}{r}
x+5 \\
x^2-2x+4\,\overline{)\,x^3+3x^2-\ \ 4x+18} \\
\underline{x^3-2x^2+\ \ 4x} \\
5x^2-\ \ 8x+18 \\
\underline{5x^2-10x+20} \\
2x-\ \ 2
\end{array}$$

□ 87　$x=\dfrac{1-\sqrt{7}i}{2}$ のとき，$P(x)=x^4-3x^3+8x^2-2x+7$ の値を求めよ。

3節 式と証明

1 等式の証明

㊥p.39〜44

1 恒等式

$ax^2+bx+c=a'x^2+b'x+c'$ が x についての恒等式

$\iff$ $a=a'$, $b=b'$, $c=c'$

とくに，$ax^2+bx+c=0$ が x についての恒等式

$\iff$ $a=0$, $b=0$, $c=0$

恒等式の係数決定方法

(1) 両辺を整理して，同じ次数の項の係数を比較する。 (係数比較法)

(2) x に適当な値を代入して，係数についての連立方程式を作る。 (数値代入法)

(2)の方法は，逆が成り立つことを確認する必要がある。

2 等式の証明

等式 $A=B$ の証明方法

(1) A または B の一方を変形して，他方を導く。

(2) A, B をそれぞれ変形して，同じ式を導く。

(3) $A-B=0$ を示す。

3 条件つきの等式の証明

条件式を用いて，1つの文字を消去する。

4 比例式

$a:b=c:d$ や $\dfrac{a}{b}=\dfrac{c}{d}$ のように，比や比の値が等しいことを示す等式を 比例式 という。

このとき，$\dfrac{a}{b}=\dfrac{c}{d}=k$ とおくと $a=bk$, $c=dk$

A

□ *88 次の等式のうち，恒等式はどれか。 ㊥p.39 練習 1

① $a^2+2a-8=(a+2)(a-4)$

② $(a+b)^2+(a-b)^2=2(a^2+b^2)$

③ $x(x-1)+(x-1)(x-2)=2(x-1)^2$

④ $\sqrt{x^2}=x$

□ 89 次の等式が x についての恒等式となるように，定数 a, b, c の値を定めよ。

(1) $a(x+1)+b(x-4)=8x-2$ ㊥p.40 練習 2

*(2) $a(x+1)(x-1)+b(x-1)(x-2)+c(x+1)(x-2)=7x-5$

(3) $a(x-3)^2+b(x-3)+c=3x^2-9x+5$

*(4) $a(x+1)^2+bx(x-4)+c(x^2+2)-8=0$

□ **90** 次の等式が x についての恒等式となるように，定数 a，b の値を定めよ。

(1) $\dfrac{2}{(x+1)(x-1)}=\dfrac{a}{x+1}+\dfrac{b}{x-1}$ ㊬p.41 練習 3

*(2) $\dfrac{x+4}{x(x-4)}=\dfrac{a}{x}+\dfrac{b}{x-4}$

*(3) $\dfrac{6x-8}{x^2-x-6}=\dfrac{a}{x+2}+\dfrac{b}{x-3}$

(4) $\dfrac{4x-5}{2x^2+x-1}=\dfrac{a}{2x-1}+\dfrac{b}{x+1}$

□ **91** 次の等式を証明せよ。 ㊬p.42 練習 4

*(1) $x^4-3x^2+1=(x^2+x-1)(x^2-x-1)$

*(2) $(a^2+1)(b^2+1)=(ab+1)^2+(a-b)^2$

(3) $a^2+b^2+c^2-ab-bc-ca=\dfrac{1}{2}\{(a-b)^2+(b-c)^2+(c-a)^2\}$

□ **92** $a+b+c=0$ のとき，次の等式を証明せよ。 ㊬p.43 練習 5

*(1) $2a^2+ab+2ca=b^2+bc$

*(2) $(a+b)(b+c)(c+a)+abc=0$

(3) $a^2(b+c)+b^2(c+a)+c^2(a+b)=-3abc$

□ **93** $a+b=1$ のとき，次の等式を証明せよ。 ㊬p.43 練習 6

(1) $a^2+b^2=1-2ab$

(2) $a^3+a^2b+ab^2+b^3=a^2+b^2$

B

□ **94** $\dfrac{a}{b}=\dfrac{c}{d}$ のとき，次の等式を証明せよ。 ㊬p.44 練習 7

*(1) $\dfrac{2a+b}{a+2b}=\dfrac{2c+d}{c+2d}$　　(2) $\dfrac{ab-cd}{ab+cd}=\dfrac{a^2-c^2}{a^2+c^2}$

□ **95** $x:y:z=2:3:4$ のとき，次の式の値を求めよ。 ㊬p.44 問 1

(1) $\dfrac{x+y+z}{x+2y-3z}$　　*(2) $\dfrac{x^2+y^2+z^2}{xy+yz+zx}$

□ **96** 次の等式が x についての恒等式となるように，定数 a，b，c の値を定めよ。

*(1) $(ax+b)(x+3)=2x^2+5x+c$ (教 p.40 練習 2)

(2) $ax^2-12x+b=(3x+c)^2$

(3) $x^3+ax+2=(x-2)(x^2+bx+c)$

*(4) $3x^3+ax^2+bx-8=(x-1)(x-4)(3x+c)$

□ **97** 次の場合について，定数 a，b，c の値を求めよ。 (教 p.40 練習 2)

*(1) x^3-3x+a を $x-1$ で割ると商が x^2+bx+c で余りが 4 である。

(2) $2x^3+ax^2+b$ は $(x+1)^2$ で割り切れ，そのときの商は $2x+c$ である。

□ **98** 次の等式が x についての恒等式となるように，定数 a，b，c の値を定めよ。

(1) $\dfrac{1}{x^3-1}=\dfrac{a}{x-1}+\dfrac{bx+c}{x^2+x+1}$ (教 p.41 練習 3)

*(2) $\dfrac{1}{x(x+1)^2}=\dfrac{a}{x}+\dfrac{b}{x+1}+\dfrac{c}{(x+1)^2}$

(3) $\dfrac{x}{(x-1)^2}=\dfrac{a}{x-1}+\dfrac{b}{(x-1)^2}$

(4) $\dfrac{x+1}{x^3-4x}=\dfrac{a}{x}+\dfrac{b}{x+2}+\dfrac{c}{x-2}$

□ **99** $\dfrac{x+y}{5}=\dfrac{y+z}{6}=\dfrac{z+x}{7}$，$xyz \neq 0$ のとき，$\dfrac{x^2}{yz}+\dfrac{y^2}{zx}+\dfrac{z^2}{xy}$ の値を求めよ。 (教 p.44 練習 7)

C

□ **100** 次の等式がどのような k の値に対しても成り立つように，x，y の値を定めよ。

(1) $(k+1)x+(k-1)y+k-5=0$

(2) $(2k+1)x-(k+3)y+7k+6=0$

□ **101** 次の等式を証明せよ。

(1) $x+y+z=0$，$xyz \neq 0$ のとき

$$x\left(\frac{1}{y}+\frac{1}{z}\right)+y\left(\frac{1}{z}+\frac{1}{x}\right)+z\left(\frac{1}{x}+\frac{1}{y}\right)=-3$$

(2) $xyz=1$ のとき

$$\frac{x}{xy+x+1}+\frac{y}{yz+y+1}+\frac{z}{zx+z+1}=1$$

□ **102** $2x^2-5xy+3y^2=0$, $x \fallingdotseq y$, $xy \fallingdotseq 0$ のとき，次の式の値を求めよ。

(1) $\dfrac{x}{y}$ (2) $\dfrac{x^2-xy+y^2}{x^2+xy+y^2}$

例題 9

次の等式が x, y についての恒等式となるように，定数 a, b の値を定めよ。

$$x^2+y^2=a(x+y)^2+b(x-y)^2$$

〈考え方〉 右辺を展開して整理し，両辺の同類項の係数を比較する。

解答 右辺を展開して整理すると

$$x^2+y^2=(a+b)x^2+2(a-b)xy+(a+b)y^2$$

この式が x, y についての恒等式となるためには，両辺の係数を比較して

$$a+b=1,\ 2(a-b)=0$$

よって $\boldsymbol{a=\dfrac{1}{2},\ b=\dfrac{1}{2}}$ 答

□ **103** 次の等式が x, y についての恒等式となるように，定数 a, b, c の値を定めよ。

(1) $xy=a(x+y)^2+b(x-y)^2$

(2) $a(x+2y)^2+b(2x+y)^2=7x^2+cxy-2y^2$

□ **104** $x+y+z=0$, $x-y+3z=2$ を満たす x, y, z に対して，$ax^2+by^2+cz^2=1$ がつねに成り立つように，定数 a, b, c の値を定めよ。

□ **105** $a+b+c=2$, $\dfrac{1}{a}+\dfrac{1}{b}+\dfrac{1}{c}=\dfrac{1}{2}$ ならば，a, b, c のうち少なくとも1つは2であることを証明せよ。

□ **106** $x \fallingdotseq y$, $x^2-yz=y^2-zx=1$ のとき，$z^2-xy=1$ であることを証明せよ。

研究 部分分数分解と分数式の計算

教 p.41

□ *__107__ 次の式を計算せよ。 教 p.41 演習1

(1) $\dfrac{2}{(x+1)(x+3)}+\dfrac{2}{(x+3)(x+5)}+\dfrac{2}{(x+5)(x+7)}$

(2) $\dfrac{1}{(x-1)(x-3)}+\dfrac{1}{(x-3)(x-5)}+\dfrac{1}{(x-5)(x-7)}$

2 不等式の証明

㊎p.45～51

1 不等式の証明

$P>Q$ を証明するには，$P-Q>0$ を証明すればよい。

(1) $P-Q$ を因数分解して，各因数の符号を調べる。

(2) $P-Q$ を正の数の和に変形する。

2 実数の平方

実数 a，b について (1) $a^2 \geqq 0$ とくに $a^2=0 \iff a=0$

(2) $a^2+b^2 \geqq 0$ とくに $a^2+b^2=0 \iff a=0$ かつ $b=0$

3 根号を含む不等式の証明

$a>0$，$b>0$ のとき $a>b \iff a^2>b^2$

$a \geqq b \iff a^2 \geqq b^2$

4 絶対値を含む不等式の証明

絶対値の性質　実数 a，b について

(1) $|a| \geqq a$　(2) $|a| \geqq -a$　(3) $|a|^2=a^2$

(4) $|ab|=|a||b|$　(5) $|a+b| \leqq |a|+|b|$

5 相加平均と相乗平均

$a>0$，$b>0$ のとき $\dfrac{a+b}{2} \geqq \sqrt{ab}$ （等号が成り立つのは $a=b$ のとき）

A

□ **108** $a>b$ のとき，次の不等式を証明せよ。 ㊎p.45 練習 8

*(1) $\dfrac{5a-b}{4}>\dfrac{6a-b}{5}$　(2) $a>\dfrac{3a+4b}{7}>b$

□ **109** 次の不等式を証明せよ。 ㊎p.46 練習 9

(1) $a>2$，$b>2$ のとき $ab+4>2(a+b)$

*(2) $a>b>c$ のとき $(a+c)b>ac+b^2$

□ **110** 次の等式が成り立つような実数 x，y の値を求めよ。 ㊎p.47 練習 10

(1) $(2x-1)^2+(y+1)^2=0$　*(2) $x^2+y^2-6x+4y+13=0$

□ **111** 次の不等式を証明せよ。また，等号が成り立つのはどのようなときか。

(1) $2(a^2+b^2) \geqq (a+b)^2$ ㊎p.47 練習 11

*(2) $x^2+2y^2 \geqq 2xy$

(3) $(4a^2+b^2)(x^2+9y^2) \geqq (2ax+3by)^2$

*(4) $a^2+9b^2 \geqq 2(a-3b-1)$

□ **112** $a>0$, $b>0$ のとき，次の不等式を証明せよ。また，(2)は，等号が成り立つのはどのようなときか。 ㊦p.48 練習 12

*(1) $2\sqrt{a}+3\sqrt{b}>\sqrt{4a+9b}$　　(2) $\sqrt{\dfrac{a+b}{2}} \geqq \dfrac{\sqrt{a}+\sqrt{b}}{2}$

□ **113** $a>0$, $b>0$ のとき，次の不等式を証明せよ。また，等号が成り立つのはどのようなときか。 ㊦p.51 練習 14

*(1) $4a+\dfrac{1}{a} \geqq 4$　　(2) $(a+b)\left(\dfrac{9}{a}+\dfrac{9}{b}\right) \geqq 36$

□ **114** 次の不等式を証明せよ。また，等号が成り立つのはどのようなときか。

*(1) $|a| \geqq |b|$ のとき　$|a-b| \geqq |a|-|b|$ ㊦p.49 練習 13

(2) $\sqrt{2(a^2+b^2)} \geqq |a+b|$

□ **115** 次の値を求めよ。また，そのときの x, y の値を求めよ。 ㊦p.51 練習 15

*(1) $x>0$, $y>0$, $xy=9$ のとき，$x+4y$ の最小値

(2) $x>0$, $y>0$, $3x+y=6$ のとき，xy の最大値

□ **116** 次の等式を証明せよ。また，等号が成り立つのはどのようなときか。

(1) $a^4+b^4 \geqq a^3b+ab^3$ (㊦p.47 練習 11)

(2) $a^2+b^2+1 \geqq ab+a+b$

(3) $a^2+6b^2+5c^2 \geqq 4ab-4bc+6c-3$

(4) $\dfrac{a^2+b^2+c^2}{3} \geqq \left(\dfrac{a+b+c}{3}\right)^2$

□ **117** $a>0$, $b>0$ のとき，次の不等式を証明せよ。また，等号が成り立つのはどのようなときか。 (㊦p.51 練習 14)

(1) $3a+3b+\dfrac{1}{a+b} \geqq 2\sqrt{3}$　　*(2) $\left(a+\dfrac{4}{b}\right)\left(b+\dfrac{9}{a}\right) \geqq 25$

C

□ **118** 次の値を求めよ。また，そのときの実数 x，y の値を求めよ。

(1) $xy=1$ のとき，x^2+y^2 の最小値

(2) $x>1$ のとき，$x+\dfrac{1}{x-1}$ の最小値

例題 10

$0<a<b$，$a+b=2$ のとき，2，ab，a^2+b^2 の大小を比較せよ。

〈考え方〉条件を満たす a，b に適当な値を代入して，大小の見当をつけてみる。
例えば，$a=\dfrac{1}{2}$，$b=\dfrac{3}{2}$ とすると，$ab=\dfrac{3}{4}<2$，$a^2+b^2=\dfrac{5}{2}>2$ であるから
$ab<2<a^2+b^2$ と予想できる。

解答 $a+b=2$ より　$b=2-a$

このとき，$0<a<b$ より　$0<a<2-a$　　すなわち　$0<a<1$　……①

(i)　$a^2+b^2-2=a^2+(2-a)^2-2=2a^2-4a+2=2(a-1)^2$

①より $2(a-1)^2>0$ であるから　$a^2+b^2-2>0$　よって　$a^2+b^2>2$

(ii)　$2-ab=2-a(2-a)=a^2-2a+2=(a-1)^2+1>0$　よって　$2>ab$

(i)，(ii)より　　$\boldsymbol{ab<2<a^2+b^2}$　答

□ **119**　$0<a<b$，$a+b=1$ のとき，$\dfrac{1}{2}$，a，b，$2ab$，a^2+b^2 の大小を比較せよ。

例題 11

$x>2$，$y>2$，$z>2$ のとき，次の不等式を証明せよ。

(1)　$xy>x+y$　　　(2)　$xyz>x+y+z$

〈考え方〉(2)の証明に，(1)の結果を利用することを考える。

解答 (1)　$xy-(x+y)=(xy-x-y+1)-1=(x-1)(y-1)-1$

$x>2$，$y>2$ より　$(x-1)(y-1)>1$

であるから　$(x-1)(y-1)-1>0$

よって　　$xy>x+y$　終

(2)　$x>2$，$y>2$ より　$xy>4$ で，$z>2$ であるから，(1)より

$xy\cdot z>xy+z$　……①

(1)により　$xy>x+y$　……②

①，②より　$xyz>xy+z>x+y+z$　　すなわち　$xyz>x+y+z$　終

□ **120**　$|a|<1$，$|b|<1$，$|c|<1$ のとき，次の不等式を証明せよ。

(1)　$ab+1>a+b$　　　(2)　$abc+2>a+b+c$

ヒント **118** (2)　$z=x-1$ とおくと，$x>1$ より　$z>0$

研究 組立除法
教 p.55

A

□ **121** x^3-2x^2+3x-4 を次の式で割ったときの商と余りを，組立除法を利用して求めよ。

*(1) $x-1$　(2) $x+2$　(3) $x-3$　教 p.55 演習 1

研究 3次式の因数分解の公式
教 p.56

因数分解の公式　$a^3+b^3+c^3-3abc=(a+b+c)(a^2+b^2+c^2-ab-bc-ca)$

B

□* **122** 次の式を因数分解せよ。　教 p.56 演習 1

(1) $8x^3+y^3-6xy+1$　(2) $x^3-y^3-3xy-1$

□ **123** a，b，c が実数で，$a+b+c \neq 0$ のとき，$a^3+b^3+c^3=3abc$ が成り立つならば，$a=b=c$ であることを証明せよ。　教 p.56 演習 2

発展 3次方程式の解と係数の関係
教 p.57

3次方程式 $ax^3+bx^2+cx+d=0$ の3つの解を α，β，γ とすると

$$\alpha+\beta+\gamma=-\frac{b}{a},\quad \alpha\beta+\beta\gamma+\gamma\alpha=\frac{c}{a},\quad \alpha\beta\gamma=-\frac{d}{a}$$

B

□* **124** 3次方程式 $x^3+3x^2-4x-2=0$ の3つの解を α，β，γ とするとき，次の式の値を求めよ。　教 p.57 演習 1

(1) $\alpha+\beta+\gamma$，$\alpha\beta+\beta\gamma+\gamma\alpha$，$\alpha\beta\gamma$　(2) $(2-\alpha)(2-\beta)(2-\gamma)$

(3) $\dfrac{1}{\alpha}+\dfrac{1}{\beta}+\dfrac{1}{\gamma}$　(4) $\alpha^2+\beta^2+\gamma^2$　(5) $\alpha^3+\beta^3+\gamma^3$

□ **125** 3次方程式 $x^3+px^2+qx+r=0$ が次の3つの数を解にもつとき，定数 p，q，r の値を求めよ。　(教 p.57 演習 1)

(1) 2，-3，4　(2) 1，$2+\sqrt{3}$，$2-\sqrt{3}$

《章末問題》

□ **126** 次の式を因数分解せよ。

(1) $x^5+x^4+x^3+x^2+x+1$

(2) $(2x-y-z)^3+(-x+2y-z)^3+(-x-y+2z)^3$

□ **127** 二項定理を用いて，4^{10} を 27 で割った余りを求めよ。

□ **128** $(x^2+x+c)^5$ の展開式における x^5 の項の係数が 81 であるとき，定数 c の値を求めよ。

□ **129** 2 次方程式 $x^2-(k+1)x+3k=0$ の 2 つの解を α，β とする。

$\dfrac{\beta}{\alpha-3}+\dfrac{\alpha}{\beta-3}=1$ となるように定数 k の値を定めよ。

□ **130** 1 の 3 乗根のうち虚数であるものの 1 つを ω とするとき，次の式の値を求めよ。

(1) $(\omega-1)(\omega-2)(\omega+2)(\omega+3)$　　(2) $\dfrac{1}{\omega-3}-\dfrac{2}{\omega^2+3\omega+9}$

□ **131** 方程式 $x^2+(k+3i)x+(2-6i)=0$ が実数解をもつように，実数の定数 k の値を定めよ。また，そのときの解を求めよ。

□ **132** 2 乗して次の数になる複素数を，$a+bi$（a，b は実数）の形で求めよ。

(1) $4i$　　(2) $5-12i$

□ **133** 整式 $P(x)$ を x^2-x-2 で割ると $3x+1$ 余り，x^2+x-6 で割ると $-x+5$ 余る。このとき，$P(x)$ を x^2+4x+3 で割ったときの余りを求めよ。

□ **134** 4 次方程式 $x^4-kx^2+k^2-3=0$ が異なる 4 個の実数解をもつように，定数 k の値の範囲を定めよ。

□ **135** 整式 $P(x)=2x^4+ax^3+bx^2+cx+d$ は x^2+1 で割り切れ，x^2+x-2 で割ると $11x-3$ 余る。次の問いに答えよ。

(1) 定数 a，b，c，d の値を求めよ。　　(2) 方程式 $P(x)=0$ を解け。

□ **136**　$\alpha+\beta+\gamma=-2$，$\alpha^2+\beta^2+\gamma^2=4$，$\alpha^3+\beta^3+\gamma^3=-5$，$\alpha<\beta<\gamma$ であるとき，次の問いに答えよ。

(1)　$\alpha\beta+\beta\gamma+\gamma\alpha$，$\alpha\beta\gamma$ の値を求めよ。

(2)　α，β，γ を求めよ。

□ **137**　4 次方程式 $x^4-3x^3-2x^2-3x+1=0$　……①について，次の問いに答えよ。

(1)　$x=0$ は方程式①の解でないことを示せ。

(2)　①の両辺を x^2 で割り，$t=x+\dfrac{1}{x}$ として①を t の方程式で表せ。

(3)　方程式①を解け。

□ **138**　次の等式を証明せよ。

$$x+\frac{1}{y}=1,\ y+\frac{1}{z}=1 \text{ のとき }\quad z+\frac{1}{x}=1$$

□ **139**　$x>0$，$y>0$，$z>0$ のとき，次の不等式を証明せよ。また，等号が成り立つのはどのようなときか。

(1)　$\dfrac{yz}{x}+\dfrac{zx}{y}\geqq 2z$

(2)　$\dfrac{yz}{x}+\dfrac{zx}{y}+\dfrac{xy}{z}\geqq x+y+z$

□ **140**　$\dfrac{y+2z}{x}=\dfrac{z+2x}{y}=\dfrac{x+2y}{z}$ のとき，$x+y+z=0$ または $x=y=z$ であることを示せ。

□ **141**　$m>0$，$n>0$，$m+n=1$，$a\geqq 0$，$b\geqq 0$ のとき，次の不等式を証明せよ。また，等号が成り立つのはどのようなときか。

$$\sqrt{ma+nb}\geqq m\sqrt{a}+n\sqrt{b}$$

Prominence

□ **142**　$x^2+xy-2y^2-2x-7y+k$ が x，y の 1 次式の積に因数分解できるような定数 k の値を求めてみよう。また，実際に因数分解してみよう。

2章 図形と方程式

1節 点と直線

1 直線上の点

㊙p.60〜62

[1] **2点間の距離**

数直線上の2点 O(0), P(x) 間の距離は　　OP$=|x|$

数直線上の2点 A(a), B(b) 間の距離は　　AB$=|b-a|$

[2] **内分点と外分点**　　[3] **内分点，外分点の座標**

数直線上の2点 A(a), B(b) に対して，

1. 線分 AB を $m:n$ に内分する点の座標は　$\dfrac{na+mb}{m+n}$

　とくに，線分 AB の中点の座標は　$\dfrac{a+b}{2}$

2. 線分 AB を $m:n$ に外分する点の座標は　$\dfrac{-na+mb}{m-n}$

A

□ **143** 次の2点間の距離を求めよ。 ㊙p.60 練習1

(1) A(3), B(7)　　(2) A(−5), B(2)　　*(3) A(−1), B(−8)

□ ***144** 線分 AB を 2：1 に内分する点 P, 2：1 に外分する点 Q, 1：4 に外分する点 R を図示せよ。 ㊙p.61 練習2

A　B

□ **145** 2点 A(−4), B(10) を結ぶ線分 AB に対して，次の点の座標を求めよ。 ㊙p.62 練習3

*(1) 4：3 に内分する点 C　　(2) 中点 M

(3) 4：3 に外分する点 D　　*(4) 3：4 に外分する点 E

B

□ **146** 2点 A(−3), B(1) を結ぶ線分 AB を3等分する点を A に近い方から順に C, D とする。C, D の座標を求めよ。 (㊙p.62)

□ ***147** 2点 A(3), B(b) を結ぶ線分 AB を 3：1 に内分する点が P(−2) であるとき，b の値を求めよ。 (㊙p.62)

2 平面上の点

教p.63〜67

1 2点間の距離

2点 $A(x_1,\ y_1)$, $B(x_2,\ y_2)$ 間の距離は　　$AB=\sqrt{(x_2-x_1)^2+(y_2-y_1)^2}$

とくに，原点 $O(0,\ 0)$ と点 $P(x,\ y)$ の距離は　　$OP=\sqrt{x^2+y^2}$

2 内分点，外分点の座標

2点 $A(x_1,\ y_1)$, $B(x_2,\ y_2)$ に対して

1. 線分 AB を $m:n$ に内分する点の座標は　$\left(\dfrac{nx_1+mx_2}{m+n},\ \dfrac{ny_1+my_2}{m+n}\right)$

　とくに，線分 AB の中点の座標は　$\left(\dfrac{x_1+x_2}{2},\ \dfrac{y_1+y_2}{2}\right)$

2. 線分 AB を $m:n$ に外分する点の座標は　$\left(\dfrac{-nx_1+mx_2}{m-n},\ \dfrac{-ny_1+my_2}{m-n}\right)$

3 三角形の重心

3点 $A(x_1,\ y_1)$, $B(x_2,\ y_2)$, $C(x_3,\ y_3)$ を頂点とする△ABC の重心 G の座標は

$$\left(\frac{x_1+x_2+x_3}{3},\ \frac{y_1+y_2+y_3}{3}\right)$$

4 定点に関して対称な点

点 A に関して2点 P，Q が対称の位置にあるとき，点 A は線分 PQ の中点。

A

□ **148** 次の2点間の距離を求めよ。 教p.63 練習4

*(1) A(2, 12), B(6, 4)　　(2) 原点 O, A(−2, 5)

(3) A(−4, −7), B(1, −2)　　*(4) A(2, 4), B(−3, 4)

□ ***149** 点 P は x 軸上にあり，2点 A(1, −4), B(7, 2) から等距離にある。点 P の座標を求めよ。 教p.64 練習5

□ **150** 2点 A(−2, 4), B(3, −1) を結ぶ線分 AB について，次の点の座標を求めよ。

*(1) 3：2 に内分する点 C　　(2) 中点 M 教p.66 練習7

(3) 6：1 に外分する点 D　　*(4) 2：3 に外分する点 E

□ **151** 3点 A(5, 1), B(3, −5), C(−2, −2) を頂点とする△ABC の重心 G の座標を求めよ。 教p.67 練習8

□ ***152** 点 A(2, −1) に関して，点 P(6, 2) と対称な点 Q の座標を求めよ。 教p.67 練習9

B

□ **153** △ABC において，辺 BC を 3 等分する点を B に近い方から順に D，E とする。このとき，等式

$$AB^2-AC^2=3(AD^2-AE^2)$$

が成り立つことを，点 E を原点，直線 BC を x 軸とし，2 点 A，C の座標を A$(a,\ b)$，C$(c,\ 0)$ として証明せよ。 ㊚p.64 練習 6

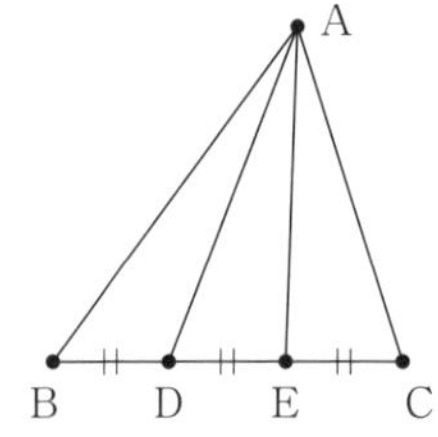

□* **154** 次の 3 点でできる△ABC はどのような三角形か。また，その重心 G の座標を求めよ。 (㊚p.63，67)

(1) A(−1，3)，B(1，5)，C(2，2)

(2) A(−2，2)，B(3，−5)，C(5，7)

□ **155** 点 P は直線 $y=2x-1$ 上にあり，2 点 A(−2，1)，B(2，5) から等距離にある。点 P の座標を求めよ。 (㊚p.64)

□* **156** 3 点 A(0，−2)，B(3，1)，C(−2，8) に対して，四角形 ABCD が平行四辺形となるとき，点 D の座標を求めよ。 (㊚p.65，66)

□ **157** △ABC の 3 辺 AB，BC，CA の中点の座標がそれぞれ (2，3)，(4，1)，(7，6) であるとき，3 点 A，B，C の座標を求めよ。 (㊚p.65，66)

C

□ **158** 2 点 A(2，4)，B(−2，−4) に対して，△ABC が正三角形となるとき，点 C の座標を求めよ。

□ **159** △ABC の 3 辺 AB，BC，CA をそれぞれ 2：1 に内分する点を L，M，N とするとき，△ABC の重心 G と△LMN の重心 G′ は一致することを示せ。

ヒント **158** AB=BC=CA より $AB^2=BC^2=CA^2$ が成り立つ。

159 A$(x_1,\ y_1)$，B$(x_2,\ y_2)$，C$(x_3,\ y_3)$ とおき，L，M，N，G，G′ の座標を x_1，x_2，x_3，y_1，y_2，y_3 を用いて表す。

3 直線の方程式

㊙p.68～70

1 1次方程式の表す図形

座標平面上の任意の直線は x，y についての1次方程式 $ax+by+c=0$ で表される。

ただし，a，b，c は定数で，$a\neq0$ または $b\neq0$ である。

2 条件が与えられたときの直線の方程式

1. 点 $(x_1,\ y_1)$ を通り，傾きが m の直線の方程式は　$y-y_1=m(x-x_1)$

   点 $(x_1,\ y_1)$ を通り，y 軸に平行な直線の方程式は　$x=x_1$

2. 2点 $\mathrm{A}(x_1,\ y_1)$，$\mathrm{B}(x_2,\ y_2)$ を通る直線の方程式は

   [1]　$x_1\neq x_2$ のとき　$y-y_1=\dfrac{y_2-y_1}{x_2-x_1}(x-x_1)$

   [2]　$x_1=x_2$ のとき　$x=x_1$

3. $a\neq0$，$b\neq0$ のとき，x 切片が a，y 切片が b である直線の方程式は　$\dfrac{x}{a}+\dfrac{y}{b}=1$

□ **160**　次の方程式が表す直線を座標平面上にかけ。　㊙p.68 練習 10

*(1)　$x-2y+1=0$　　(2)　$-4y+6=0$　　*(3)　$2x+4=0$

□ **161**　次の直線の方程式を求めよ。　㊙p.69 練習 11

*(1)　点 $(1,\ -3)$ を通り，傾きが2の直線

(2)　点 $(-5,\ 2)$ を通り，傾きが -3 の直線

*(3)　点 $(-2,\ 3)$ を通り，y 軸に平行な直線

(4)　点 $(-2,\ 3)$ を通り，x 軸に平行な直線

□ **162**　次の2点を通る直線の方程式を求めよ。　㊙p.70 練習 12，問 1

(1)　$(3,\ 1)$，$(5,\ 5)$　　*(2)　$(-1,\ 3)$，$(5,\ -1)$　　(3)　$(4,\ -4)$，$(7,\ -4)$

*(4)　$(3,\ 5)$，$(3,\ -2)$　　(5)　$(3,\ 0)$，$(0,\ 2)$　　(6)　$(0,\ 6)$，$(-3,\ 0)$

□* **163**　3点 $\mathrm{A}(4,\ -3)$，$\mathrm{B}(-2,\ a+4)$，$\mathrm{C}(a-4,\ 3)$ が同じ直線上にあるとき，定数 a の値を求めよ。　(㊙p.70 練習 12)

□ **164**　x 切片と y 切片がそれぞれ $2a$，a で表される直線が点 $(-3,\ -4)$ を通るとき，この直線の方程式を求めよ。ただし，$a\neq0$ とする。　(㊙p.70 問 1)

4 2直線の関係

㊞p.71〜76

① 2直線の平行と垂直

2直線 $y=mx+n$, $y=m'x+n'$ について

2直線が平行 $\iff m=m'$, 2直線が垂直 $\iff mm'=-1$

（参考） 2直線 $ax+by+c=0$, $a'x+b'y+c'=0$ について

2直線が平行 $\iff ab'-a'b=0$, 2直線が垂直 $\iff aa'+bb'=0$

（注意） 2直線が一致する場合も，2直線は平行であると考える。

② 直線に関する対称点

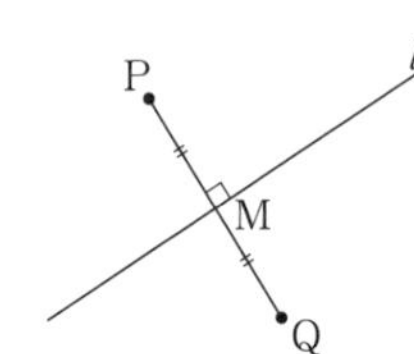

2点P，Qが直線 l に関して対称である条件は，
次の[1]，[2]がともに成り立つことである。

[1] 直線PQが l と垂直である

[2] 線分PQの中点Mが l 上にある

③ 点と直線の距離

点 $\mathrm{P}(x_1,\ y_1)$ と直線 $ax+by+c=0$ の距離 d は　$d=\dfrac{|ax_1+by_1+c|}{\sqrt{a^2+b^2}}$

とくに，原点Oと直線 $ax+by+c=0$ の距離 d は　$d=\dfrac{|c|}{\sqrt{a^2+b^2}}$

A

□ *165 2直線 $3x+2y-2=0$, $ax-6y+1=0$ が平行となるとき，a の値を求めよ。
また，垂直となるとき，a の値を求めよ。

㊞p.72 練習13

□ 166 点 $(4,\ -3)$ を通り，直線 $2x-y-3=0$ に平行な直線と垂直な直線の方程式をそれぞれ求めよ。

㊞p.72 練習14

□ *167 2点 $\mathrm{A}(-2,\ 2)$, $\mathrm{B}(0,\ -4)$ を結ぶ線分ABの垂直二等分線の方程式を求めよ。

㊞p.72 練習15

□ 168 次の点と直線の距離を求めよ。

㊞p.75 練習17

*(1) 原点Oと直線 $2x-y+5=0$　　(2) 点 $(-1,\ 2)$ と直線 $x+y+3=0$

*(3) 点 $(2,\ -3)$ と直線 $y=-3x+1$　　(4) 点 $(7,\ -2)$ と直線 $y=-4$

B

□ *169 直線 $x-3y+6=0$ に関して，点 $\mathrm{P}(8,\ -2)$ と対称な点Qの座標を求めよ。

㊞p.73 練習16

□ **170**　a, b, c は正の定数とする。第 1 象限にある点 A$(2a,\ 2b)$ と x 軸上の 2 点 B$(-2c,\ 0)$, C$(2c,\ 0)$ に対して，△ABC の 3 本の中線は 1 点で交わることを証明せよ。

教p.76 練習 18

□* **171**　直線 $y=-3x$ と平行で，原点からの距離が $\sqrt{10}$ である直線の方程式を求めよ。

(教p.72，75)

□ **172**　3 点 A$(4,\ 3)$，B$(-2,\ 1)$，C$(6,\ -1)$ について，2 つの線分 AB，AC それぞれの垂直二等分線の交点の座標を求めよ。 (教p.72 練習 15)

C

□ **173**　3 点 A$(3,\ -3)$，B$(2,\ 8)$，C$(1,\ 1)$ について，次の(1)～(4)のものを求めよ。

(1)　線分 BC の長さ　　(2)　直線 BC の方程式

(3)　点 A と直線 BC の距離　　(4)　△ABC の面積

例題 12

2 直線 $(a-1)x-ay+5=0$，$-(a+1)x+2ay+1=0$ が平行となるとき，定数 a の値を求めよ。

〈考え方〉両辺を文字式で割るときは，割る式が 0 となる場合を別に考える。

解答　(i)　$a=0$ のとき

2 直線はそれぞれ $x=5$，$x=1$ であり，これらは平行である。

(ii)　$a\neq 0$ のとき

2 直線の傾きはそれぞれ $\dfrac{a-1}{a}$，$\dfrac{a+1}{2a}$ となるから，平行であるとき

$$\frac{a-1}{a}=\frac{a+1}{2a}$$

これを解いて　$a=3$　($a\neq 0$ を満たす)

(i)，(ii)より　　$a=0,\ 3$　**答**

別解　2 直線が平行であるとき

$$(a-1)\cdot 2a-(a+1)\cdot a=0$$

$$a^2-3a=0$$

よって　$a=0,\ 3$　**答**

左ページの（参考）を用いると，場合分けをせずに a の値を求めることができる。

□ **174**　2 直線 $(a-1)x+(a+1)y-2=0$，$x+(a-1)y=0$ が次の条件を満たすとき，a の値をそれぞれ求めよ。

(1)　2 直線が平行　　(2)　2 直線が垂直

□ **175**　3 直線 $x-3y+2=0$，$3x+2y-5=0$，$kx+y+k=0$ について，次の問いに答えよ。

(1)　3 直線が 1 点で交わるように，定数 k の値を定めよ。

(2)　3 直線が三角形を作らないように，定数 k の値を定めよ。

(3)　3 直線が直角三角形を作るように，定数 k の値を定めよ。

(教 p.72)

□ **176**　2 点 A(2，1)，B(4，5) と放物線 $y=x^2+3$ 上を動く点 P について，△PAB の面積の最小値を求めよ。

研究　2 直線の交点を通る直線の方程式

教 p.78

2 直線 $ax+by+c=0$，$a'x+b'y+c'=0$ が点 P で交わるとき，

直線 $ax+by+c+k(a'x+b'y+c')=0$

は，定数 k がどのような値をとっても，つねに交点 P を通る。

B

□ **177**　2 直線 $4x-y-1=0$，$x-2y+12=0$ の交点と，点 (3，5) を通る直線の方程式を求めよ。

教 p.78 演習 1

C

□ **178**　2 直線 $2x-y-3=0$，$x-3y+1=0$ の交点を通り，次の条件を満たす直線の方程式を求めよ。

(1)　点 (−2，3) を通る

(2)　直線 $-x+y-4=0$ に平行

(3)　直線 $2x+y+3=0$ に垂直

□ **179**　2 直線 $ax-y-2=0$，$x+ay+1=0$ の交点 P と原点 O を通る直線 OP の方程式が $3x+y=0$ であるとき，a の値を求めよ。

□ **180**　k は定数とする。直線 $(2+3k)x-(3+k)y-7+7k=0$ は，k の値に関係なく定点を通る。この定点の座標を求めよ。

ヒント　**176**　直線 AB と点 P の距離が最小になればよい。

2節 円

1 円の方程式

㊔p.79〜81

[1] 円の方程式

中心が点 $(a,\ b)$，半径が r の円の方程式は　$(x-a)^2+(y-b)^2=r^2$

とくに，中心が原点，半径が r の円の方程式は　$x^2+y^2=r^2$

[2] $x^2+y^2+lx+my+n=0$ の表す図形

方程式 $x^2+y^2+lx+my+n=0$ ……①は，$(x-a)^2+(y-b)^2=k$ の形に変形できて

$k>0$ ならば，①は中心が点 $(a,\ b)$，半径が $\sqrt{k}$ の円を表す。

$k=0$ ならば，①は1点 $(a,\ b)$ を表す。

$k<0$ ならば，①の表す図形はない。

[3] 3点を通る円の方程式

円の方程式を $x^2+y^2+lx+my+n=0$ とおいて，通る点の座標から $l,\ m,\ n$ を求める。

A

□ **181** 次の円の方程式を求めよ。 ㊔p.79 練習1

(1) 中心 $(-3,\ -4)$，半径2の円　(2) 中心が原点，半径 $\sqrt{13}$ の円

*(3) 2点 $(-2,\ 1)$，$(6,\ -5)$ を直径の両端とする円

*□ **182** 次の方程式はどのような図形を表すか。 ㊔p.80 練習2

(1) $x^2+y^2-2x+10y+17=0$　(2) $x^2+y^2+6x-2y+10=0$

□ **183** 方程式 $x^2+y^2+4x-6y-n+17=0$ が円を表すように，定数 n の値の範囲を定めよ。

㊔p.80 練習3

□ **184** 次の3点A，B，Cを通る円の方程式を求めよ。また，△ABCの外心の座標と外接円の半径を求めよ。 ㊔p.81 練習4

*(1) A(0, 5)，B(1, 4)，C(−3, 6)　(2) A(−1, 1)，B(3, −3)，C(4, −2)

B

□ **185** 次の円の方程式を求めよ。 (㊔p.79)

*(1) 中心が点 $(-3,\ 4)$ であり，x 軸に接する円

(2) 中心が直線 $y=-2x+1$ 上にあり，2点 $(-2,\ 4)$，$(2,\ 2)$ を通る円

(3) 点 $(2,\ 4)$ を通り，x 軸と y 軸の両方に接する円

2 円と直線

教 p.82〜89

1 円と直線の共有点の座標　2 円と直線の共有点の個数

円と直線の方程式から y を消去して得られる x の2次方程式を $ax^2+bx+c=0$ とし，その判別式を $D=b^2-4ac$ とする。また，円の中心と直線の距離を d，円の半径を r とすると，円と直線の位置関係は次の3通りの場合に分けられる。

$D>0$ $\Longleftrightarrow$ 円と直線の共有点は2個（2点で交わる）$\Longleftrightarrow$ $d<r$

$D=0$ $\Longleftrightarrow$ 円と直線の共有点は1個（1点で接する）$\Longleftrightarrow$ $d=r$

$D<0$ $\Longleftrightarrow$ 円と直線の共有点はない $\Longleftrightarrow$ $d>r$

3 円の接線の方程式

円 $x^2+y^2=r^2$ 上の点 $(x_1,\ y_1)$ における接線の方程式は　$x_1x+y_1y=r^2$

4 2つの円の位置関係　5 2つの円の共有点

半径がそれぞれ r，r' である2円の中心 O，O′ 間の距離を d とする。$r>r'$ のとき，2円の位置関係は次の5通りの場合に分けられる。

d，r，r' の関係式	$d>r+r'$	$d=r+r'$	$r-r'<d<r+r'$	$d=r-r'$	$d<r-r'$
2つの円の位置関係	離れている	外接している	2点で交わる	内接している	一方が他方の内部にある
2つの円の共有点	0個	1個	2個	1個	0個

A

□ **186** 次の円と直線の共有点の座標を求めよ。 教 p.82 練習5

(1) $x^2+y^2=20$，$y=-2x$　　*(2) $x^2+y^2=13$，$x-5y+13=0$

□ **187** 次の円と直線の共有点の個数を求めよ。 教 p.83 練習6

(1) $x^2+y^2=16$，$y=x+4$　　(2) $x^2+y^2=9$，$y=-x-5$

*(3) $x^2+y^2=5$，$y=-2x+5$　　*(4) $x^2+y^2=15$，$y=\frac{1}{2}x-4$

□ **188** 円 $x^2+y^2=9$ と直線 $y=3x+n$ が共有点をもたないように，定数 n の値の範囲を定めよ。 教 p.84 練習7

□ **189** 直線 $3x-4y+10=0$ と共有点をもつ円は次のどちらか。 教 p.84 問1

C_1：$x^2+y^2=1$　　C_2：$x^2+y^2+2x-2y-2=0$

□ *190 円 $x^2+y^2=40$ と直線 $3x+y+n=0$ が接するように，定数 n の値を定めよ。

㊔p.85 練習 8

□ 191 円 $x^2+y^2=9$ と直線 $y=-x-4$ の2つの交点を結ぶ弦の長さを求めよ。 ㊔p.85 練習 9

□ 192 次の円上の与えられた点における接線の方程式を求めよ。 ㊔p.87 練習 10

*(1) $x^2+y^2=20$,（2, 4） (2) $x^2+y^2=10$,（1, −3）

(3) $x^2+y^2=4$,（0, −2） *(4) $x^2+y^2=25$,（5, 0）

□ 193 次の点Aを通り，与えられた円に接する直線について，接点の座標と接線の方程式を求めよ。 ㊔p.87 練習 11

*(1) A(4, 2), $x^2+y^2=10$ (2) A(2, 3), $x^2+y^2=4$

□ *194 中心が C(−2, 3) で，次の条件を満たす円の方程式を求めよ。 ㊔p.88 練習 12

(1) 円 $x^2+y^2=52$ に内接する (2) 円 $x^2+y^2=4$ に外接する

B

□ *195 次の2つの円の共有点の座標を求めよ。 ㊔p.88 練習 13

$x^2+y^2=10$, $x^2+y^2-4x-2y=0$

□ 196 次の2つの円 C, C' の位置関係を調べよ。また，共有点があれば，その座標を求めよ。

(1) $C: x^2+y^2=9$, $C': x^2+y^2+8x-6y+21=0$ ㊔p.89 問 2

(2) $C: x^2+y^2=2$, $C': x^2+y^2-8x+4y+12=0$

*(3) $C: x^2+y^2-2x-4y=0$, $C': x^2+y^2+2x-2y-18=0$

□ 197 円 $x^2+y^2=5$ と次の直線との共有点の個数は，m の値によってどのように変わるか調べよ。

(1) $2x-y=m$ *(2) $y=mx+5$ (㊔p.83～85)

□ 198 次の接線の方程式を求めよ。 (㊔p.85, 87)

(1) 円 $x^2+y^2=10$ に接し，接点の x 座標が1の接線

(2) 円 $x^2+y^2=8$ に接し，傾きが −1 の接線

*(3) 円 $x^2+y^2=9$ に接し，直線 $y=3x+1$ と垂直な接線

□ 199 2つの円 $x^2+y^2=r^2$ $(r>0)$ と $x^2+y^2-4x-8y+4=0$ が共有点をもつように，定数 r の値の範囲を定めよ。 (㊔p.88, 89)

C

□ **200** 円 $x^2+y^2=10$ に点 $(7,\ 1)$ から引いた 2 本の接線の接点を A，B とするとき，直線 AB の方程式を求めよ。

□ **201** 中心が $(-1,\ 3)$ で，円 $x^2+y^2+6x+2y+5=0$ に接する円の方程式を求めよ。

例題 13

円 $(x-3)^2+(y-2)^2=5$ 上の点 $(5,\ 1)$ における接線の方程式を求めよ。

〈考え方〉円の中心が原点になるように平行移動して考える。

解答 円 $(x-3)^2+(y-2)^2=5$ ……①の中心 $(3,\ 2)$ が原点となるように，円①を x 軸方向に -3，y 軸方向に -2 だけ平行移動すると，円①上の点 $(5,\ 1)$ は $(2,\ -1)$ に移動する。移動後の円 $x^2+y^2=5$ 上の点 $(2,\ -1)$ における接線の方程式は

$$2x-y=5 \quad ……②$$

である。求める接線の方程式は，直線②を x 軸方向に 3，y 軸方向に 2 だけ平行移動した直線の方程式であるから

$$2(x-3)-(y-2)=5 \quad すなわち \quad \boldsymbol{2x-y-9=0}$$ 答

〈参考〉円 $(x-a)^2+(y-b)^2=r^2$ 上の点 $(x_0,\ y_0)$ における接線の方程式は
$(x_0-a)(x-a)+(y_0-b)(y-b)=r^2$ と表される。

□ **202** 次の円の与えられた点における接線の方程式を求めよ。

(1) $(x-1)^2+(y-2)^2=5$，$(-1,\ 3)$　　(2) $x^2+y^2+2x-8y+7=0$，$(2,\ 5)$

□ **203** 点 $(7,\ 0)$ から円 $(x-2)^2+(y-1)^2=13$ に引いた 2 本の接線の方程式を求めよ。

研究 2 つの円の共有点を通る図形の方程式 ㊐p.91

2 つの円 $x^2+y^2+lx+my+n=0$，$x^2+y^2+l'x+m'y+n'=0$ が 2 点で交わるとき，

方程式 $x^2+y^2+lx+my+n+k(x^2+y^2+l'x+m'y+n')=0$ は，

$k=-1$ のとき 2 つの円の共有点を通る直線，

$k\neq-1$ のとき 2 つの円の共有点を通る円を表す。

B

□* **204** 2 つの円 $x^2+y^2+4y-6=0$，$x^2+y^2+2x-2y-18=0$ について，次の図形の方程式を求めよ。 ㊐p.91 演習 1

(1) 2 つの円の共有点を通る直線　　(2) 2 つの円の共有点と原点を通る円

3節 軌跡と領域

1 軌跡と方程式

㊎p.92〜95

点Pの軌跡の求め方

(I) 点Pの座標を $(x,\ y)$ とおいて，与えられた条件を x，y の関係式で表し，この関係式が表す図形を求める。

(II) (I)で求めた図形上の任意の点Pが，与えられた条件を満たすことを示す（逆を調べる）。

ただし，(II)については，明らかな場合は省略してもよい。

A

□ **205** 次の条件を満たす点Pの軌跡を求めよ。 ㊎p.92 練習1

(1) 2点 $A(-2,\ -1)$，$B(4,\ 7)$ から等距離にある点P

*(2) 2点 $A(4,\ -2)$，$B(-1,\ 3)$ に対して，$AP^2-BP^2=30$ を満たす点P

□ **206** 次の条件を満たす点Pの軌跡を求めよ。 ㊎p.93 練習2

*(1) 2点 $A(-1,\ 0)$，$B(4,\ 0)$ に対して，$AP:BP=3:2$ を満たす点P

(2) 2点 $A(1,\ 2)$，$B(10,\ 8)$ に対して，$AP:BP=1:2$ を満たす点P

B

□ **207** 次の条件を満たす点Qの軌跡を求めよ。 ㊎p.94 練習3

(1) 点 $A(10,\ 0)$ と，円 $x^2+y^2=36$ 上を動く点Pに対して，線分APの中点Q

*(2) 点 $A(0,\ 6)$ と，円 $x^2+(y+2)^2=4$ 上を動く点Pに対して，線分APの中点Q

□ **208** a の値が変化するとき，次の放物線の頂点Pの軌跡を求めよ。 ㊎p.95 練習4

*(1) $y=x^2-2ax+2a^2+2a-1$　　(2) $y=x^2+4ax+3a^2+6a+1$

□ **209** 次の3点に対して，条件を満たす点Pの軌跡を求めよ。 (㊎p.92 練習1)

(1) $A(3,\ 3)$，$B(-3,\ -3)$，$C(3,\ -6)$ に対して，$AP^2+BP^2+CP^2=78$

(2) $A(1,\ 2)$，$B(-1,\ 0)$，$C(1,\ 0)$ に対して，$AP^2+BP^2=2CP^2$

□ **210** 次の条件を満たす点Qの軌跡を求めよ。 (㊎p.94 練習3)

(1) 点 $A(-2,\ -2)$ と，放物線 $y=x^2$ 上を動く点Pに対して，線分APを $1:2$ に内分する点Q

(2) 2点 $A(2,\ 5)$，$B(7,\ 1)$ と，円 $x^2+y^2=9$ 上を動く点Pに対して，△ABPの重心Q

C

例題 14

$x=-t+3$, $y=t^2-2$ とする。t の値が $t>0$ を満たすように変化するとき，点 $(x,\ y)$ はどのような図形を表すか。

〈考え方〉 t を消去して x, y の関係式を求める。また，x のとりうる値の範囲に注意する。

解答 $x=-t+3$ より $t=-x+3$ ……①

これを $y=t^2-2$ に代入して

$y=(-x+3)^2-2$ すなわち $y=x^2-6x+7$

また t は正の数であるから，①より $x<3$

よって，求める軌跡は

放物線 $y=x^2-6x+7$ の $x<3$ の部分 答

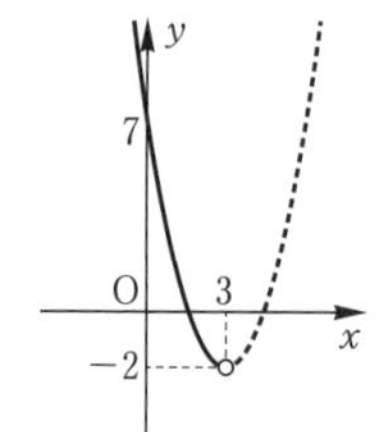

□ **211** $x=t-1$, $y=2t^2+3$ とする。t の値が $t\geqq -1$ を満たすように変化するとき，点 $(x,\ y)$ はどのような図形を表すか。

□ **212** 方程式 $x^2+y^2-4ax-2(a+1)y+4a^2+2a+2=0$ が円を表すように a の値が変化するとき，円の中心 P の軌跡を求めよ。

例題 15

2 直線 $mx-y+1=0$, $x+m(y-1)-2=0$ について，m の値が変化するとき，2 直線の交点の軌跡を求めよ。

〈考え方〉 m を消去して x, y の関係式を求める。消去する際の条件に注意。

解答 $mx-y+1=0$ ……①, $x+m(y-1)-2=0$ ……② とおく。

交点の座標を $(x,\ y)$ とすると，x, y は①, ②を満たす。

(i) $x\neq 0$ のとき

①より $m=\dfrac{y-1}{x}$ ②に代入して $x+\dfrac{(y-1)^2}{x}-2=0$

$x^2+(y-1)^2-2x=0$ より $(x-1)^2+(y-1)^2=1$

(ii) $x=0$ のとき

①より $y=1$ であるが，これは②を満たさない。 ← $x=0$, $y=1$ に対応する点を求める軌跡から除く。

(i), (ii)より，求める軌跡は

円 $(x-1)^2+(y-1)^2=1$ ただし，点 $(0,\ 1)$ は除く。 答

□ **213** 2 直線 $mx+y=-m$, $x-my=1$ について，m の値が変化するとき，2 直線の交点の軌跡を求めよ。

2 不等式の表す領域

教p.96〜103

1 直線で分けられる領域

$y>mx+n$ の表す領域は，直線 $y=mx+n$ の上側

$y<mx+n$ の表す領域は，直線 $y=mx+n$ の下側

（注意） $y\geqq mx+n$ の表す領域は，$y>mx+n$ の表す領域にその境界線となる直線 $y=mx+n$ を含めたものである。

2 円で分けられる領域

円 $(x-a)^2+(y-b)^2=r^2$ を C とする。

$(x-a)^2+(y-b)^2<r^2$ の表す領域は，円 C の内部

$(x-a)^2+(y-b)^2>r^2$ の表す領域は，円 C の外部

3 連立不等式の表す領域

連立不等式が表す領域は，それぞれの不等式の表す領域の共通部分である。

4 領域と最大・最小

条件 p の表す領域内にある点の座標は，条件 p を満たす値である。

5 領域と条件

条件 p，q の表す集合をそれぞれ P，Q とすると，$p \Longrightarrow q$ が真のとき，$P\subset Q$

A

□ **214** 次の不等式の表す領域を図示せよ。 教p.97 練習5

*(1) $y<3x-2$　　(2) $2x-3y+1\geqq 0$

*(3) $x>-3$　　(4) $3y+12\leqq 0$

□ **215** 次の不等式の表す領域を図示せよ。 教p.98 練習6

(1) $x^2+y^2>9$　　(2) $(x+2)^2+(y-3)^2\leqq 4$

*(3) $x^2+y^2-6x-4y+12<0$　　(4) $x^2+y^2+x-y\geqq 0$

□ **216** 次の連立不等式の表す領域を図示せよ。 教p.100 練習7

(1) $\begin{cases} y\leqq -x+1 \\ y\geqq -2x-2 \end{cases}$　　*(2) $\begin{cases} x+2y>1 \\ 3x-2y<3 \end{cases}$

□ **217** 次の連立不等式の表す領域を図示せよ。 教p.100 練習8

(1) $\begin{cases} x^2+y^2>2 \\ y>-x-2 \end{cases}$　　*(2) $\begin{cases} x^2+y^2<4 \\ x+2y-2\geqq 0 \end{cases}$

□ **218** 次の不等式の表す領域を図示せよ。 教p.101 練習9，10

*(1) $(x+1)(y-2)>0$　　*(2) $(x-y-1)(x+2y+2)\leqq 0$

(3) $(x+y-1)(x^2+y^2-4)>0$

B

□ *219 x，y が次の 4 つの不等式を満たすとき，$x+y$ の最大値および最小値を求めよ。

$x \geqq 0$，$y \geqq 0$，$2x+3y \leqq 9$，$2x+y \leqq 7$ ㊙p.102 練習 11

□ *220 $x^2+y^2<5$ は，$x+2y<5$ であるための十分条件であることを示せ。 ㊙p.103 練習 12

□ 221 次の図の斜線部分は，どのような不等式で表されるか。ただし，境界線は含まない。 (㊙p.100)

(1)

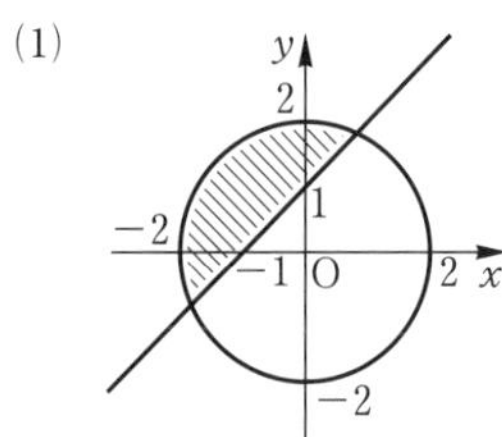

(2)

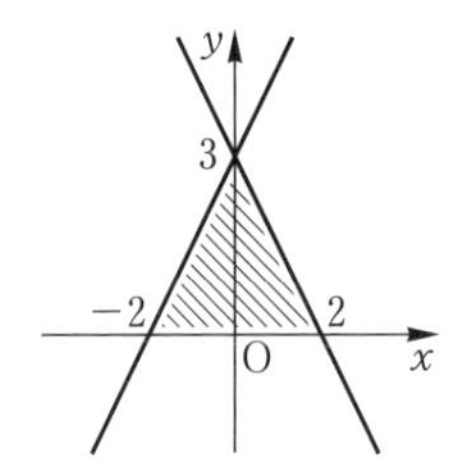

(3)

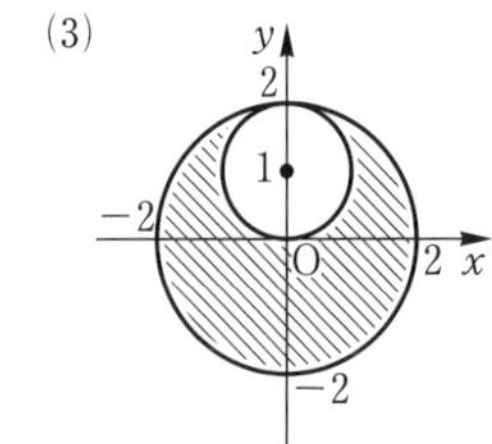

□ *222 右の表は，ある工場で製品 P，Q を 1 kg 作るのに必要な原料 A，B，C の分量と，原料ごとの在庫量である。
製品 P，Q の 1 kg あたりの価格を次のように設定するとき，売上の最大額はそれぞれいくらになるか。また，そのときの製品 P，Q の製造量を求めよ。

	原料 A	原料 B	原料 C
製品 P	1 kg	2 kg	5 kg
製品 Q	4 kg	2 kg	1 kg
在庫量	18 kg	12 kg	26 kg

(1) P が 1 万円，Q が 2 万円　　(2) P が 2 万円，Q が 1 万円 (㊙p.102，103)

C

□ 223 次の連立不等式の表す領域を図示せよ。

$$\begin{cases} (x+y)(x-y)<0 \\ x^2+y^2<2 \end{cases}$$

□ 224 x，y が 3 つの不等式 $2x-y \leqq 6$，$3x+y \geqq 4$，$x+2y \leqq 8$ を満たすとき，次の式の最大値と最小値を求めよ。

(1) $x+y$　　(2) x^2+y^2

□ 225 $x^2+y^2 \leqq 13$，$x \geqq 0$ のとき，$3x+2y$ の最大値と最小値を求めよ。

研究　不等式 $y>f(x)$，$y<f(x)$ の表す領域

教 p.99

不等式 $y>f(x)$ の表す領域は，曲線 $y=f(x)$ の上側
不等式 $y<f(x)$ の表す領域は，曲線 $y=f(x)$ の下側

B

□ **226**　次の不等式の表す領域を図示せよ。 教 p.99 演習 1

*(1)　$y \leqq -x^2+1$　　(2)　$y>2x^2+4x+5$

*(3)　$y \geqq |x+2|$　　(4)　$y<|x^2+x-6|$

C

□ **227**　次の不等式の表す領域を図示せよ。

(1)　$|x+y|<1$　　(2)　$|x|+|y| \leqq 2$

例題 16

実数 t を変化させるとき，直線 $y=tx+t^2$ が通過する領域を図示せよ。

〈考え方〉 直線の方程式を t についての 2 次方程式とみて，それが実数解をもつような $(x,\ y)$ の条件を導く。

解答　$y=tx+t^2$　……①　とおく。

①式を t について整理すると

$$t^2+xt-y=0 \quad \cdots\cdots②$$

直線①が点 $(x,\ y)$ を通る条件は，
t についての 2 次方程式②が実数解をもつこと
である。②の判別式を D とすると
$D \geqq 0$ であればよい。

$$D=x^2-4\cdot1\cdot(-y)$$

であるから　$x^2+4y \geqq 0$

すなわち　$y \geqq -\dfrac{1}{4}x^2$

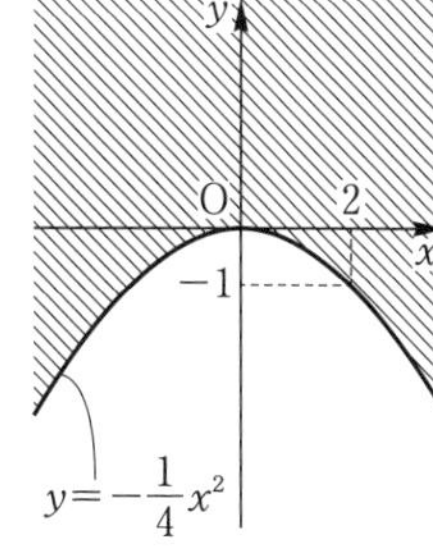

よって，求める領域は右の図の斜線部分である。
ただし，境界線を含む。 答

□ **228**　実数 t を変化させるとき，直線 $2tx-y-2t^2-4t=0$ が通過する領域を図示せよ。

《章末問題》

□ **229** y 軸上の点 P$(0,\ t)$ と，2 点 A$(1,\ 3)$，B$(2,\ -3)$ がある。次のそれぞれの値の最小値と，そのときの t の値を求めよ。

(1) AP＋BP　　　　(2) $\mathrm{AP}^2+\mathrm{BP}^2$

□ **230** 放物線 $y=x^2$ と直線 $y=-3x-2$ の 2 つの交点のうち，原点 O に近い方を A，他方を B とする。次の問いに答えよ。

(1) 2 点 A，B の座標を求めよ。

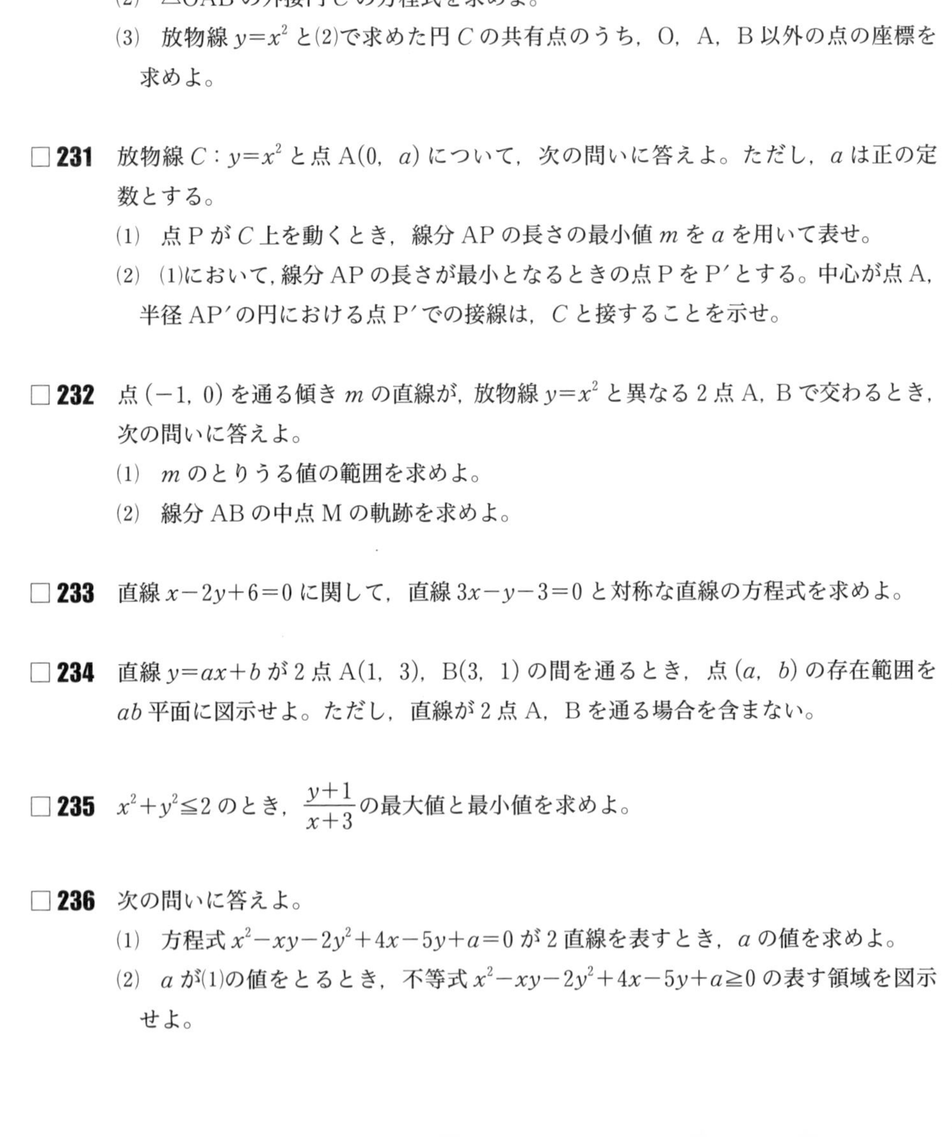

(2) △OAB の外接円 C の方程式を求めよ。

(3) 放物線 $y=x^2$ と(2)で求めた円 C の共有点のうち，O，A，B 以外の点の座標を求めよ。

□ **231** 放物線 $C : y=x^2$ と点 A$(0,\ a)$ について，次の問いに答えよ。ただし，a は正の定数とする。

(1) 点 P が C 上を動くとき，線分 AP の長さの最小値 m を a を用いて表せ。

(2) (1)において，線分 AP の長さが最小となるときの点 P を P′ とする。中心が点 A，半径 AP′ の円における点 P′ での接線は，C と接することを示せ。

□ **232** 点 $(-1,\ 0)$ を通る傾き m の直線が，放物線 $y=x^2$ と異なる 2 点 A，B で交わるとき，次の問いに答えよ。

(1) m のとりうる値の範囲を求めよ。

(2) 線分 AB の中点 M の軌跡を求めよ。

□ **233** 直線 $x-2y+6=0$ に関して，直線 $3x-y-3=0$ と対称な直線の方程式を求めよ。

□ **234** 直線 $y=ax+b$ が 2 点 A$(1,\ 3)$，B$(3,\ 1)$ の間を通るとき，点 $(a,\ b)$ の存在範囲を ab 平面に図示せよ。ただし，直線が 2 点 A，B を通る場合を含まない。

□ **235** $x^2+y^2\leqq 2$ のとき，$\dfrac{y+1}{x+3}$ の最大値と最小値を求めよ。

□ **236** 次の問いに答えよ。

(1) 方程式 $x^2-xy-2y^2+4x-5y+a=0$ が 2 直線を表すとき，a の値を求めよ。

(2) a が(1)の値をとるとき，不等式 $x^2-xy-2y^2+4x-5y+a\geqq 0$ の表す領域を図示せよ。

□ **237** 座標平面上で，点 $(p,\ q)$ は $x^2+y^2 \leqq 8$ で表される領域内を動く。このとき，点 $(p+q,\ pq)$ の動く範囲を図示せよ。

Prominence

□ **238** 実さんと教子さんは次の問題について話している。

問題：3 点 A(1，1)，B(2，−2)，C(−5，−1) を頂点とする△ABC について，∠BAC の二等分線の方程式を求めよ。

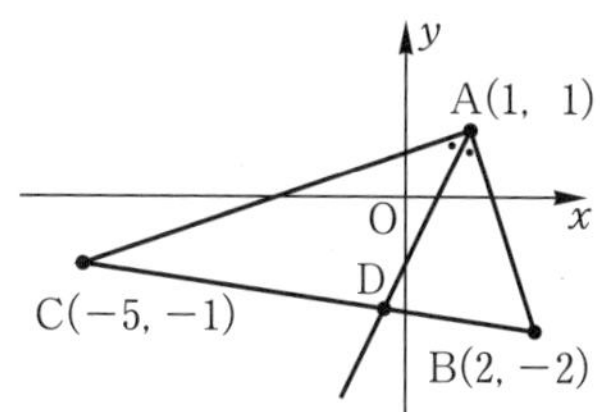

実　：求める直線と線分 BC との交点を D とすると，AB=［ア］，AC=［イ］だから，BD：DC=［ウ］：［エ］となるね。すると，D の座標は (［オ］，［カ］) だね。

教子：あとは直線 AD の方程式を求めればよいから，∠BAC の二等分線の方程式は $y=$［キ］$x-$［ク］だね。

実　：他の解き方はないかな。

教子：∠BAC の二等分線上の任意の点から 2 つの半直線 AB，AC までの距離は等しいから，軌跡を考えれば解けるんじゃないかな。

実　：なるほど。直線 AB の方程式は $y=$［ケ］$x+$［コ］，直線 AC の方程式は $y=$［サ］$x+$［シ］だから，二等分線上の点を $(X,\ Y)$ とすると…

教子："2 直線 AB，AC までの距離は等しい" という条件だけで解くと，直線の方程式が $y=$［キ］$x-$［ク］と $y=$［ス］$x+$［セ］の 2 通り出てくるね。

実　：直線 $y=$［ス］$x+$［セ］はどのような直線だろう？

次の問いに答えよ。ただし，同じ記号の空欄には同じものが入る。

(1) ［ア］～［ク］に入る値を求めよ。ただし，［ウ］：［エ］は最も簡単な自然数の比となるように答えよ。

(2) ［ケ］～［セ］に入る値を求めよ。

(3) 直線 $y=$［ス］$x+$［セ］は△ABC に対してどのような直線か考えてみよう。

3章 三角関数

1節 三角関数

1 一般角

教 p.108〜109

1 **一般角**

平面上で，点Oを中心に半直線OPを回転させるとき，この半直線OPを **動径** といい，動径のはじめの位置を表す半直線OXを **始線** という。

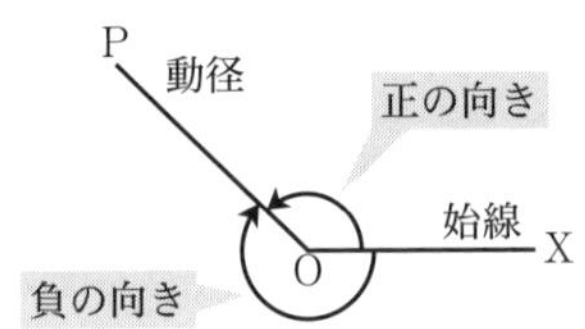

動径OPの回転のうち，

時計の針の回転と逆の向きを **正の向き**

時計の針の回転と同じ向きを **負の向き**

といい，始線からそれぞれの向きにはかった角の大きさに正，負の符号をつけて表す。

動径OPと始線OXのなす角の1つをαとすると，動径OPの表す一般角は

$\theta=\alpha+360^\circ\times n$　（ただし，nは整数）

A

□ **239** 次の角の動径をそれぞれ図示せよ。 教 p.108 練習1

(1) 300°　*(2) 765°　(3) -135°　*(4) -450°

□ **240** 次の角の動径の表す一般角を$\alpha+360^\circ\times n$（nは整数）の形に表せ。ただし，$0^\circ\leqq\alpha<360^\circ$とする。 教 p.109 練習2

(1) 420°　*(2) 740°　*(3) -315°　(4) -1100°

□ **241** 座標平面上で，x軸の正の部分を始線OXにとるとき，次の角はそれぞれ第何象限の角か。 教 p.109 練習3

(1) 150°　*(2) 1000°　*(3) -700°　(4) -1230°

B

□ **242** 座標平面上で，角αを表す動径が第2象限，角βを表す動径が第1象限にあるとき，次の角を表す動径はそれぞれ第何象限にあるか。ただし，(1)，(2)の動径はともにx軸上，y軸上にはないものとする。 （教 p.109）

(1) 2α　(2) $\beta-\alpha$

2 弧度法

㊗p.110～111

1 弧度法

1ラジアン(1弧度)：半径 r，弧の長さ r の扇形の中心角の大きさ。
これを単位とする角の大きさの表し方を 弧度法 という。

とくに　$180°=\pi$ ラジアン，　$1°=\dfrac{\pi}{180}$ ラジアン，　1ラジアン $=\dfrac{180°}{\pi}$

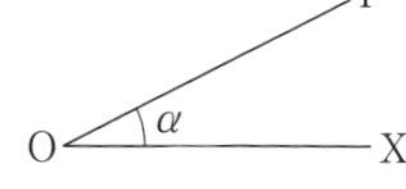

動径 OP と始線 OX のなす角の1つを α とすると，弧度法での
動径 OP の表す一般角は　　$\theta=\alpha+2n\pi$　(ただし，n は整数)

2 扇形の弧の長さと面積

半径 r，中心角 θ の扇形の弧の長さ l と面積 S は　　$l=r\theta$，$S=\dfrac{1}{2}r^2\theta=\dfrac{1}{2}rl$

A

□ **243**　次の(1)～(4)の角を弧度法で表せ。また，(5)～(8)の角を度数法で表せ。

(1)　60°　　*(2)　150°　　(3)　330°　　*(4)　450°　　㊗p.111 練習4

(5)　$\dfrac{\pi}{6}$　　(6)　$\dfrac{2}{3}\pi$　　*(7)　$-\dfrac{4}{3}\pi$　　(8)　$\dfrac{\pi}{5}$

□ **244**　次の角の動径の表す一般角を $\alpha+2n\pi$（n は整数）の形に表せ。
ただし，$0\leqq\alpha<2\pi$ とする。　㊗p.111

(1)　$\dfrac{7}{4}\pi$　　*(2)　$\dfrac{29}{3}\pi$　　*(3)　$-\dfrac{11}{6}\pi$　　(4)　$-\dfrac{35}{3}\pi$

□ **245**　次のような扇形の弧の長さと面積を求めよ。　㊗p.111 練習5

*(1)　半径3，中心角 $\dfrac{2}{3}\pi$　　(2)　半径4，中心角210°

B

□ **246**　次のような扇形の中心角の大きさ（ラジアン）を求めよ。　(㊗p.111 練習5)

*(1)　半径12，弧の長さ 10π　　(2)　半径2，面積6

□ **247**　母線の長さが $3\sqrt{5}$，底面の半径が3である円錐について，表面積 S を求めよ。

(㊗p.111 練習5)

□ **248**　周囲の長さが16である扇形について，面積の最大値を求めよ。また，そのときの半径，および中心角を求めよ。　(㊗p.111 練習5)

3 三角関数

教 p.112〜115

1 **三角関数**

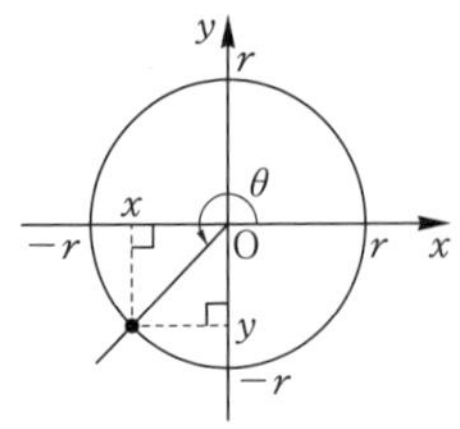

三角関数の定義　$\sin\theta=\dfrac{y}{r}$，$\cos\theta=\dfrac{x}{r}$，$\tan\theta=\dfrac{y}{x}$

$\sin\theta$，$\cos\theta$，$\tan\theta$ をそれぞれ θ の正弦，余弦，正接といい，
まとめて θ の **三角関数** という。

2 **三角関数の値の範囲**

$-1\leqq\sin\theta\leqq1$　　$-1\leqq\cos\theta\leqq1$　　$\tan\theta$ の値の範囲は **実数全体**

3 **三角関数の相互関係**

$\tan\theta=\dfrac{\sin\theta}{\cos\theta}$　　$\sin^2\theta+\cos^2\theta=1$　　$1+\tan^2\theta=\dfrac{1}{\cos^2\theta}$

A

□ **249**　θ が次の値のとき，$\sin\theta$，$\cos\theta$，$\tan\theta$ の値を求めよ。　教 p.112 練習 6

*(1)　$\dfrac{5}{4}\pi$　　(2)　$-\dfrac{5}{6}\pi$　　*(3)　$-\dfrac{10}{3}\pi$　　(4)　$\dfrac{7}{2}\pi$

□ **250**　次の条件を満たすような θ は第何象限の角か。　教 p.113 練習 7

*(1)　$\sin\theta<0$ かつ $\cos\theta>0$　　(2)　$\sin\theta\cos\theta>0$ かつ $\sin\theta+\cos\theta<0$

□ **251**　次の問いに答えよ。　教 p.114 練習 8

(1)　θ が第 4 象限の角であり，$\sin\theta=-\dfrac{2}{3}$ のとき，$\cos\theta$，$\tan\theta$ の値を求めよ。

*(2)　θ が第 3 象限の角であり，$\cos\theta=-\dfrac{12}{13}$ のとき，$\sin\theta$，$\tan\theta$ の値を求めよ。

□ **252**　θ が第 3 象限の角であり，$\tan\theta=2$ のとき，$\sin\theta$，$\cos\theta$ の値を求めよ。
教 p.114 練習 9

□ **253**　次の式の値をそれぞれ求めよ。　教 p.115 練習 10

*(1)　$\sin\theta+\cos\theta=\dfrac{1}{3}$ のとき，$\sin\theta\cos\theta$ と $\sin^3\theta+\cos^3\theta$

(2)　$\sin\theta-\cos\theta=-\dfrac{1}{\sqrt{2}}$ のとき，$\sin\theta\cos\theta$ と $\sin^3\theta-\cos^3\theta$

□ **254**　次の等式を証明せよ。　教 p.115 練習 11

*(1)　$\dfrac{1-\cos\theta}{\sin\theta}+\dfrac{\sin\theta}{1-\cos\theta}=\dfrac{2}{\sin\theta}$　　(2)　$\dfrac{\sin\theta}{1+\cos\theta}+\dfrac{1}{\tan\theta}=\dfrac{1}{\sin\theta}$

B

□ **255** 次の問いに答えよ。 (教 p.114 練習 8, 9)

(1) $\sin\theta=\frac{\sqrt{3}}{3}$ のとき，$\cos\theta$，$\tan\theta$ の値を求めよ。

*(2) $\tan\theta=\frac{\sqrt{5}}{2}$ のとき，$\cos\theta$，$\sin\theta$ の値を求めよ。

□ **256** 次の等式を証明せよ。 (教 p.115 練習 11)

*(1) $(1+\tan\theta)^2+(1-\tan\theta)^2=\frac{2}{\cos^2\theta}$

(2) $(\sin\theta+\cos\theta+1)(\sin\theta+\cos\theta-1)=2\sin\theta\cos\theta$

C

例題 17

θ が第 4 象限の角であり，$\sin\theta\cos\theta=-\frac{1}{3}$ のとき，$\sin\theta-\cos\theta$ の値を求めよ。

〈考え方〉 θ が第 4 象限の角であるから，$\sin\theta<0$，$\cos\theta>0$ より，$\sin\theta-\cos\theta$ の符号が決まることに注意する。

解答

$$(\sin\theta-\cos\theta)^2=\sin^2\theta-2\sin\theta\cos\theta+\cos^2\theta$$
$$=1-2\sin\theta\cos\theta=1-2\times\left(-\frac{1}{3}\right)=\frac{5}{3}$$

θ が第 4 象限の角であるから，$\sin\theta<0$，$\cos\theta>0$ より，$\sin\theta-\cos\theta<0$

よって　$\sin\theta-\cos\theta=-\sqrt{\frac{5}{3}}=-\frac{\sqrt{15}}{3}$ **答**

□ **257** θ が第 3 象限の角であり，$\sin\theta-\cos\theta=-\frac{1}{\sqrt{2}}$ のとき，次の値を求めよ。

(1) $\sin\theta\cos\theta$　　(2) $\sin\theta+\cos\theta$

□ **258** $\frac{\pi}{2}<\theta<\pi$ の範囲で，$\frac{\sin\theta-\cos\theta}{\sin\theta+\cos\theta}=2+\sqrt{3}$ を満たす θ を求めよ。

□ **259** 次の等式を証明せよ。

(1) $\tan^2\theta+(1-\tan^4\theta)\cos^2\theta=1$　　(2) $\frac{\cos^2\theta-\sin^2\theta}{1+2\cos\theta\sin\theta}=\frac{1-\tan\theta}{1+\tan\theta}$

ヒント **258** 与式の両辺に $\sin\theta+\cos\theta$ を掛けて分母を払う。または，与式の左辺の分母・分子を $\cos\theta$ で割る。

4 三角関数の性質

㊖p.116〜117

▶ $\theta+2n\pi$ の三角関数（n は整数）

$\sin(\theta+2n\pi)=\sin\theta$，　$\cos(\theta+2n\pi)=\cos\theta$，　$\tan(\theta+2n\pi)=\tan\theta$

▶ $-\theta$ の三角関数

$\sin(-\theta)=-\sin\theta$，　$\cos(-\theta)=\cos\theta$，　$\tan(-\theta)=-\tan\theta$

▶ $\theta+\pi$，$\pi-\theta$ の三角関数

$\sin(\theta+\pi)=-\sin\theta$，　$\cos(\theta+\pi)=-\cos\theta$，　$\tan(\theta+\pi)=\tan\theta$

$\sin(\pi-\theta)=\sin\theta$，　$\cos(\pi-\theta)=-\cos\theta$，　$\tan(\pi-\theta)=-\tan\theta$

▶ $\theta+\frac{\pi}{2}$，$\frac{\pi}{2}-\theta$ の三角関数

$\sin\left(\theta+\frac{\pi}{2}\right)=\cos\theta$，　$\cos\left(\theta+\frac{\pi}{2}\right)=-\sin\theta$，　$\tan\left(\theta+\frac{\pi}{2}\right)=-\frac{1}{\tan\theta}$

$\sin\left(\frac{\pi}{2}-\theta\right)=\cos\theta$，　$\cos\left(\frac{\pi}{2}-\theta\right)=\sin\theta$，　$\tan\left(\frac{\pi}{2}-\theta\right)=\frac{1}{\tan\theta}$

A

□ **260** 次の値を求めよ。 ㊖p.116，p.117

*(1) $\cos\frac{13}{6}\pi$　(2) $\tan\frac{17}{4}\pi$　*(3) $\sin\left(-\frac{\pi}{3}\right)$　(4) $\cos\left(-\frac{25}{6}\pi\right)$

(5) $\tan\frac{23}{3}\pi$　(6) $\sin\frac{13}{2}\pi$　(7) $\cos\left(-\frac{31}{4}\pi\right)$　*(8) $\tan\left(-\frac{101}{6}\pi\right)$

□ **261** $\sin\frac{\pi}{8}=a$，$\cos\frac{\pi}{8}=b$ のとき，次の値を a，b を用いて表せ。 ㊖p.116，p.117

(1) $\cos\frac{5}{8}\pi$　(2) $\cos\frac{7}{8}\pi$　(3) $\sin\frac{21}{8}\pi$　(4) $\tan\frac{5}{8}\pi$

□ **262** 次の式を簡単にせよ。 ㊖p.117 練習 12

*(1) $\cos(\theta+\pi)+\sin\left(\theta+\frac{\pi}{2}\right)$　*(2) $\tan(-\theta)+\tan(\theta+\pi)$

(3) $\sin(-\theta)\sin\left(\frac{\pi}{2}-\theta\right)+\cos\left(\frac{\pi}{2}-\theta\right)\cos(\theta+5\pi)$

B

□ **263** 次の式を簡単にせよ。 (㊖p.117 練習 12)

*(1) $\sin\frac{\pi}{12}-\cos\frac{5}{12}\pi-\sin\frac{7}{12}\pi-\cos\frac{13}{12}\pi$

(2) $\cos\frac{\pi}{7}\cos\frac{6}{7}\pi+\sin\frac{6}{7}\pi\sin\frac{8}{7}\pi$

5 三角関数のグラフ

㊞p.118〜123

1 **$y=\sin\theta$, $y=\cos\theta$ のグラフ**

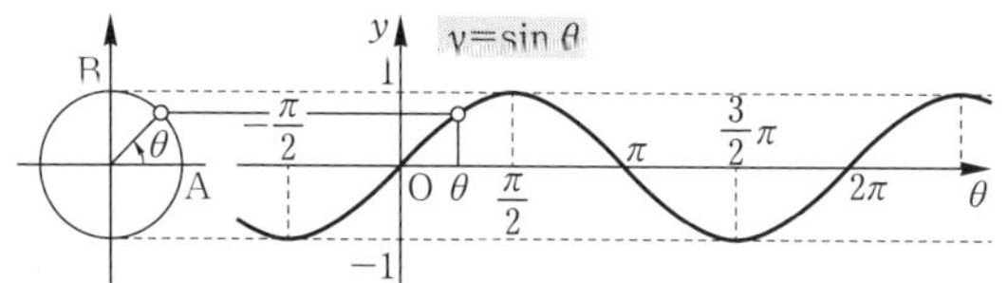

周期 2π，原点に関して対称

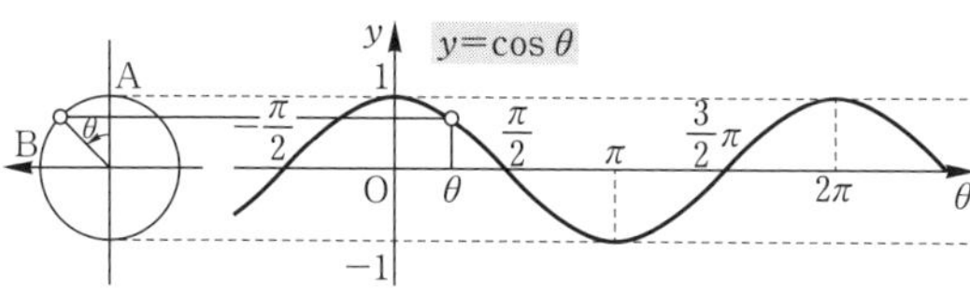

周期 2π，y 軸に関して対称

2 **$y=\tan\theta$ のグラフ**

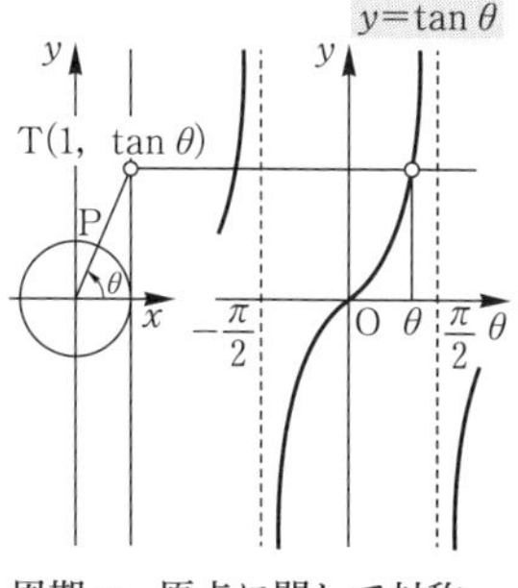

周期 π，原点に関して対称

漸近線は

直線 $\theta=\dfrac{\pi}{2}+n\pi$（$n$ は整数）

3 **周期関数**

0 でない定数 p があって，$f(x+p)=f(x)$ がすべての x について成り立つ関数 $f(x)$

このときの p を，関数 $f(x)$ の 周期 という。周期関数の周期は無数にあるが，

ふつう，単に周期といえば，これらのうち正で最小のものを意味する。

4 **三角関数のグラフの性質**

奇関数　$f(-x)=-f(x)$ がつねに成り立つ関数 $f(x)$　$y=f(x)$ のグラフは原点に関して対称。

偶関数　$f(-x)=f(x)$ がつねに成り立つ関数 $f(x)$　$y=f(x)$ のグラフは y 軸に関して対称。

（例）　$y=\sin\theta$，$y=\tan\theta$，$y=x$ は奇関数，$y=\cos\theta$，$y=x^2$ は偶関数

5 **いろいろな三角関数のグラフ**

・$y=a\sin\theta\,(a>0)$ のグラフ … $y=\sin\theta$ のグラフを θ 軸を基準にして y 軸方向に a 倍したもの

・$y=\sin(\theta-\alpha)$ のグラフ … $y=\sin\theta$ のグラフを θ 軸方向に α だけ平行移動したもの

・$y=\sin k\theta\,(k>0)$ のグラフ … $y=\sin\theta$ のグラフを y 軸を基準にして θ 軸方向に $\dfrac{1}{k}$ 倍したもので，周期は $\dfrac{2\pi}{k}$

※　$y=\cos k\theta$ の周期は $\dfrac{2\pi}{k}$，$y=\tan k\theta$ の周期は $\dfrac{\pi}{k}$

A

□ **264** 次の関数のグラフをかけ。また，その周期と値域をいえ。 ㊞p.121 練習 13

(1)　$y=3\sin\theta$　　*(2)　$y=-\dfrac{1}{3}\cos\theta$　　(3)　$y=-\tan\theta$

□ **265** 次の関数のグラフをかけ。また，その周期をいえ。 ㊞p.122 練習 14

(1)　$y=\sin\left(\theta-\dfrac{\pi}{6}\right)$　　*(2)　$y=\cos\left(\theta+\dfrac{\pi}{4}\right)$　　*(3)　$y=2\tan\left(\theta-\dfrac{\pi}{3}\right)$

□ **266** 次の関数のグラフをかけ。また，その周期をいえ。 (教)p.123 練習 15

*(1) $y=\cos 2\theta$　(2) $y=\sin 4\theta$　*(3) $y=\tan\dfrac{\theta}{2}$　(4) $y=\cos\dfrac{\theta}{3}$

□ **267** 次の関数のグラフをかけ。また，その周期をいえ。 (教)p.123 練習 16

*(1) $y=\cos\left(2\theta-\dfrac{\pi}{3}\right)$　*(2) $y=\sin\left(\dfrac{\theta}{2}+\dfrac{\pi}{6}\right)$　(3) $y=\tan\left(2\theta+\dfrac{\pi}{2}\right)$

B

□ **268** 次の関数のグラフをかけ。また，その周期をいえ。 (教p.121 ～ 123)

(1) $y=\tan\dfrac{\theta}{2}+1$　(2) $y=-2\cos\left(\dfrac{\theta}{2}+\dfrac{\pi}{4}\right)$　(3) $y=|\sin\theta|$

□ *__269__ 関数 $y=2\sin(a\theta-b)$ のグラフをかくと，右の図のようになる。定数 a，b の値および図中の目盛 A，B，C の値を求めよ。ただし，$a>0$，$0<b<2\pi$ とする。

(教p.121 ～ 123)

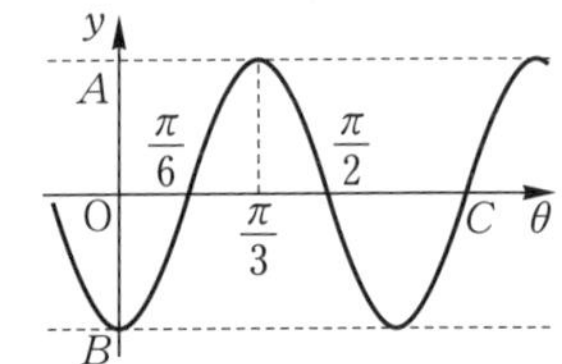

C

例題 18

$y=\sin\left(\theta+\dfrac{\pi}{3}\right)$　$\left(0\leqq\theta\leqq\dfrac{2}{3}\pi\right)$ の最大値，最小値を求めよ。

解答 この関数のグラフをかくと，右の図のようになる。

よって　$\theta=\dfrac{\pi}{6}$ のとき，**最大値 1**

$\theta=\dfrac{2}{3}\pi$ のとき，**最小値 0**

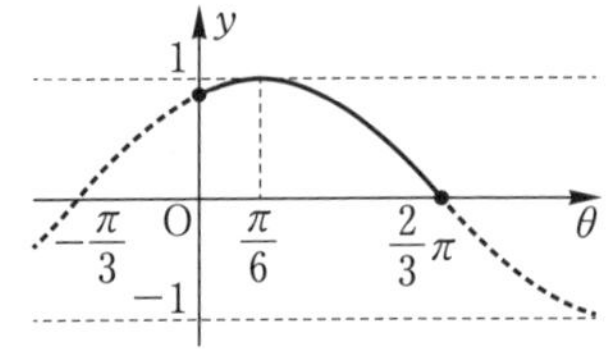

別解 $0\leqq\theta\leqq\dfrac{2}{3}\pi$ のとき，$\dfrac{\pi}{3}\leqq\theta+\dfrac{\pi}{3}\leqq\pi$ であるから，

右の図より　$\theta+\dfrac{\pi}{3}=\dfrac{\pi}{2}$，すなわち $\theta=\dfrac{\pi}{6}$ のとき，**最大値 1**

$\theta+\dfrac{\pi}{3}=\pi$，すなわち $\theta=\dfrac{2}{3}\pi$ のとき，**最小値 0**

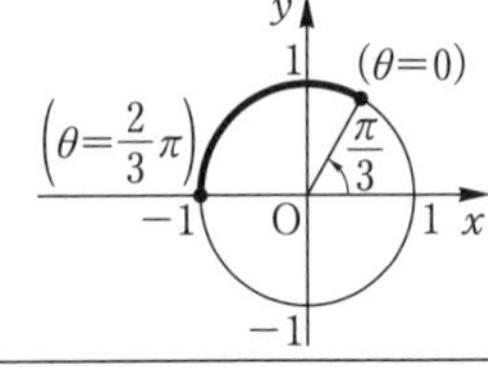

□ **270** 次の関数の最大値，最小値を求めよ。

(1) $y=-\sin\left(\theta+\dfrac{\pi}{6}\right)$　$(0\leqq\theta\leqq\pi)$　(2) $y=2\cos\theta$　$\left(\dfrac{\pi}{2}\leqq\theta\leqq\dfrac{3}{2}\pi\right)$

6 三角関数の応用 ㊩p.124～127

1 三角関数を含む方程式　2 三角関数を含む不等式

単位円やグラフを用いて考える。

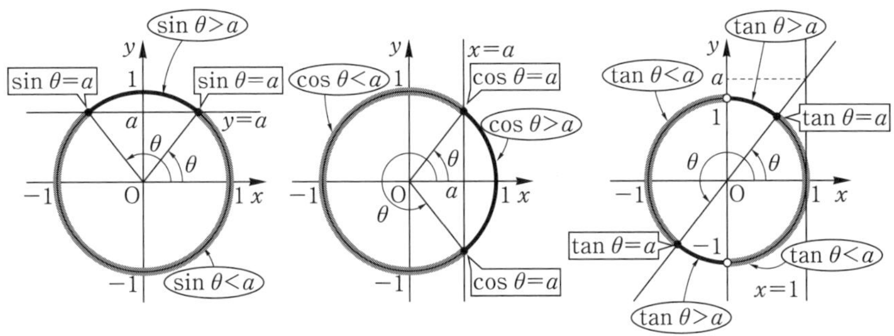

3 三角関数を含む関数の最大値・最小値

$\sin\theta$ や $\cos\theta$ を t などに置き換えて考える。θ の範囲によって，t のとりうる値の範囲（変域）に注意する。

とくに，$0 \leqq \theta \leqq 2\pi$ のとき，$-1 \leqq \sin\theta \leqq 1$，$-1 \leqq \cos\theta \leqq 1$ である。

A

□ **271** $0 \leqq \theta < 2\pi$ のとき，次の方程式を解け。また，θ の値の範囲に制限がないとき，その解を求めよ。 ㊩p.124 練習 17

(1) $\sin\theta = -\dfrac{\sqrt{3}}{2}$　*(2) $\cos\theta = -1$　*(3) $\tan\theta = 1$

*(4) $\sqrt{2}\sin\theta - 1 = 0$　(5) $2\cos\theta + 1 = 0$　(6) $3\tan\theta + \sqrt{3} = 0$

□ **272** $0 \leqq \theta < 2\pi$ のとき，次の不等式を解け。 ㊩p.125 練習 18

(1) $\sin\theta < -\dfrac{\sqrt{3}}{2}$　*(2) $\cos\theta < \dfrac{1}{2}$　*(3) $-\sqrt{2}\sin\theta \geqq 1$

(4) $2\cos\theta + \sqrt{3} \geqq 0$　*(5) $-\dfrac{1}{2} < \sin\theta < 1$　(6) $-1 \leqq 2\cos\theta < \sqrt{2}$

□ **273** $0 \leqq \theta < 2\pi$ のとき，次の不等式を解け。 ㊩p.126 練習 19

(1) $\tan\theta < \sqrt{3}$　*(2) $\tan\theta \geqq -1$　(3) $-\sqrt{3} < \tan\theta < 1$

B

□ **274** $0 \leqq \theta < 2\pi$ のとき，次の関数の最大値と最小値を求めよ。また，そのときの θ の値を求めよ。 ㊩p.127 練習 20

(1) $y = \sin^2\theta + 2\sin\theta$　(2) $y = \sin^2\theta - \cos\theta$

C

例題 19

$0 \leqq \theta < 2\pi$ のとき，次の方程式，不等式を解け。

(1) $\sin\left(2\theta - \dfrac{\pi}{3}\right) = \dfrac{1}{2}$　　(2) $2\cos^2\theta + \sin\theta - 1 > 0$

〈考え方〉(1) $2\theta - \dfrac{\pi}{3} = t$ とおき，$\sin t = \dfrac{1}{2}$ を解く。ただし，t のとりうる値の範囲に注意する。

(2) $\sin\theta$ だけで表し，2次不等式として考える。

解答 (1) $2\theta - \dfrac{\pi}{3} = t$ とおくと，$0 \leqq \theta < 2\pi$ より

$$-\frac{\pi}{3} \leqq 2\theta - \frac{\pi}{3} < \frac{11}{3}\pi \quad \text{すなわち} \quad -\frac{\pi}{3} \leqq t < \frac{11}{3}\pi$$

$-\dfrac{\pi}{3} \leqq t < \dfrac{11}{3}\pi$ において，$\sin t = \dfrac{1}{2}$ となる t の値は

$$t = \frac{\pi}{6},\ \frac{5}{6}\pi,\ \frac{13}{6}\pi,\ \frac{17}{6}\pi$$

$2\theta - \dfrac{\pi}{3} = \dfrac{\pi}{6},\ \dfrac{5}{6}\pi,\ \dfrac{13}{6}\pi,\ \dfrac{17}{6}\pi$ より　$\boldsymbol{\theta = \dfrac{\pi}{4},\ \dfrac{7}{12}\pi,\ \dfrac{5}{4}\pi,\ \dfrac{19}{12}\pi}$ 答

(2) $\cos^2\theta = 1 - \sin^2\theta$ から

$$2(1 - \sin^2\theta) + \sin\theta - 1 > 0$$
$$-2\sin^2\theta + \sin\theta + 1 > 0$$
$$2\sin^2\theta - \sin\theta - 1 < 0$$
$$(2\sin\theta + 1)(\sin\theta - 1) < 0$$

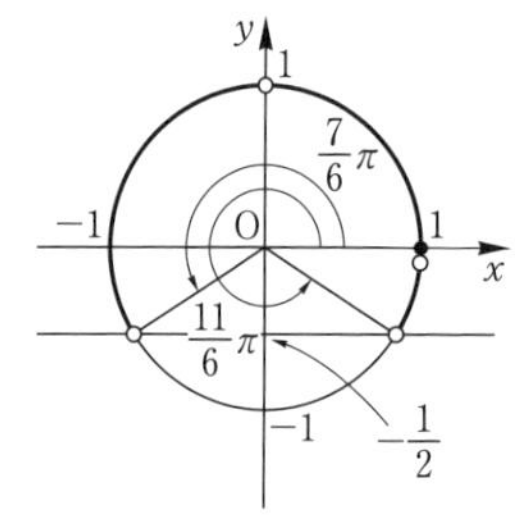

よって　$-\dfrac{1}{2} < \sin\theta < 1$

$0 \leqq \theta < 2\pi$ において，これを満たす θ の値の範囲は

$$\boldsymbol{0 \leqq \theta < \frac{\pi}{2},\ \frac{\pi}{2} < \theta < \frac{7}{6}\pi,\ \frac{11}{6}\pi < \theta < 2\pi}$$ 答

□ **275**　$0 \leqq \theta < 2\pi$ のとき，次の方程式，不等式を解け。

(1) $\cos 2\theta = -\dfrac{1}{\sqrt{2}}$　(2) $\sin\left(2\theta - \dfrac{\pi}{6}\right) = \dfrac{1}{2}$　(3) $\tan\left(\theta - \dfrac{3}{2}\pi\right) = 1$

(4) $\cos\left(\theta - \dfrac{\pi}{3}\right) < \dfrac{\sqrt{3}}{2}$　(5) $\sin\left(2\theta + \dfrac{\pi}{3}\right) > \dfrac{1}{\sqrt{2}}$　(6) $\tan\left(2\theta - \dfrac{\pi}{4}\right) > \dfrac{1}{\sqrt{3}}$

□ **276**　$0 \leqq \theta < 2\pi$ のとき，次の方程式，不等式を解け。

(1) $2\sin^2\theta + \cos\theta - 2 = 0$　(2) $\sqrt{2}\sin^2\theta + (1 - \sqrt{2})\cos\theta + 1 - \sqrt{2} = 0$

(3) $\sqrt{3}\tan^2\theta - 2\tan\theta - \sqrt{3} = 0$　(4) $2\cos^2\theta - 3\sin\theta < 0$

(5) $2\sin^2\theta - \cos\theta - 1 > 0$　(6) $\sin\theta < \tan\theta$

2節 加法定理

1 加法定理

教 p.129〜133

1 正弦・余弦の加法定理　**2 正接の加法定理**

$\sin(\alpha+\beta)=\sin\alpha\cos\beta+\cos\alpha\sin\beta$　$\sin(\alpha-\beta)=\sin\alpha\cos\beta-\cos\alpha\sin\beta$

$\cos(\alpha+\beta)=\cos\alpha\cos\beta-\sin\alpha\sin\beta$　$\cos(\alpha-\beta)=\cos\alpha\cos\beta+\sin\alpha\sin\beta$

$\tan(\alpha+\beta)=\dfrac{\tan\alpha+\tan\beta}{1-\tan\alpha\tan\beta}$　$\tan(\alpha-\beta)=\dfrac{\tan\alpha-\tan\beta}{1+\tan\alpha\tan\beta}$

3 2直線のなす角

垂直でない2直線 $y=mx+n$, $y=m'x+n'$ のなす角を θ とすると

$$\tan\theta=\frac{m-m'}{1+mm'}$$

ただし，$\dfrac{\pi}{2}<\theta\leqq\pi$ となるときは，$\pi-\theta$ を2直線のなす角と考えることが多い。

A

□ **277** 次の値を求めよ。 教 p.131 練習1

(1) $\cos 105^\circ$　*(2) $\sin 165^\circ$　(3) $\sin 195^\circ$　*(4) $\cos(-15^\circ)$

□ **278** $\cos\alpha=-\dfrac{3}{4}$, $\sin\beta=\dfrac{4}{5}$ のとき，次の値を求めよ。ただし，α は第3象限の角，β は第2象限の角とする。 教 p.131 練習2，3

*(1) $\sin(\alpha+\beta)$　(2) $\cos(\alpha-\beta)$

□ **279** 次の値を求めよ。 教 p.132 練習4

(1) $\tan 165^\circ$　*(2) $\tan 195^\circ$

□ ***280** $\tan\alpha=\dfrac{1}{2}$, $\tan\beta=\dfrac{1}{3}$ のとき，次の値を求めよ。ただし，$0<\alpha<\dfrac{\pi}{2}$, $0<\beta<\dfrac{\pi}{2}$ とする。 教 p.132 練習5

(1) $\tan(\alpha+\beta)$　(2) $\alpha+\beta$

□ **281** 次の2直線のなす角 θ を求めよ。ただし，$0\leqq\theta\leqq\dfrac{\pi}{2}$ とする。 教 p.133 練習6

*(1) $y=2x$, $y=\dfrac{1}{3}x$　(2) $x+y+\sqrt{3}=0$, $(2-\sqrt{3})x-y-2=0$

B

□ **282** 次の値を求めよ。 (教 p.131 練習 1)

(1) $\sin\dfrac{7}{12}\pi$　　*(2) $\cos\dfrac{11}{12}\pi$　　(3) $\tan\dfrac{5}{12}\pi$

□ **283** 次の式の値を求めよ。 (教 p.130，132)

*(1) $\sin\left(\theta+\dfrac{\pi}{3}\right)-\cos\left(\theta-\dfrac{\pi}{6}\right)$

(2) $\tan\left(\dfrac{\pi}{4}-\theta\right)\tan\left(\dfrac{\pi}{4}+\theta\right)$　ただし，$\theta \fallingdotseq \dfrac{\pi}{2}+n\pi$（$n$ は整数）

(3) $\sqrt{3}\sin\theta+\sin\left(\theta+\dfrac{5}{6}\pi\right)+\sin\left(\theta+\dfrac{7}{6}\pi\right)$

□ **284** 2 直線 $y=-3x$，$y=mx$ のなす角が $\dfrac{\pi}{4}$ となるような正の定数 m の値を求めよ。

(教 p.133 練習 6)

□ **285** 次の等式を証明せよ。

(1) $\cos(\alpha+\beta)\cos(\alpha-\beta)=\cos^2\alpha-\sin^2\beta$

*(2) $\dfrac{\cos(\alpha+\beta)}{\cos(\alpha-\beta)}=\dfrac{1-\tan\alpha\tan\beta}{1+\tan\alpha\tan\beta}$

C

□ **286** $\sin\alpha=-\dfrac{1}{4}$，$\cos\beta=\dfrac{1}{4}$ であるとき，$\tan(\alpha+\beta)$ の値を求めよ。ただし，

$-\dfrac{\pi}{2}<\alpha<0$，$0<\beta<\dfrac{\pi}{2}$ とする。

□ **287** α，β，γ が鋭角で，$\tan\alpha=2$，$\tan\beta=4$，$\tan\gamma=13$ のとき，次の値を求めよ。

(1) $\tan(\alpha+\beta)$　　(2) $\alpha+\beta+\gamma$

□ **288** $\sin\alpha+\sin\beta=1$，$\cos\alpha-\cos\beta=\dfrac{1}{2}$ のとき，$\cos(\alpha+\beta)$ の値を求めよ。

□ **289** $\alpha-\beta=\dfrac{\pi}{4}$ のとき，$(\tan\alpha+1)(\tan\beta-1)$ の値を求めよ。

2　加法定理の応用　㊎p.134～139

1　2倍角の公式

$\sin 2\alpha = 2\sin\alpha\cos\alpha$　　$\cos 2\alpha = \cos^2\alpha - \sin^2\alpha$
$= 2\cos^2\alpha - 1 = 1 - 2\sin^2\alpha$　　$\tan 2\alpha = \dfrac{2\tan\alpha}{1-\tan^2\alpha}$

（参考）3倍角の公式　$\sin 3\alpha = 3\sin\alpha - 4\sin^3\alpha$　　$\cos 3\alpha = 4\cos^3\alpha - 3\cos\alpha$

2　半角の公式

$\sin^2\dfrac{\alpha}{2} = \dfrac{1-\cos\alpha}{2}$　　$\cos^2\dfrac{\alpha}{2} = \dfrac{1+\cos\alpha}{2}$　　$\tan^2\dfrac{\alpha}{2} = \dfrac{1-\cos\alpha}{1+\cos\alpha}$

3　三角関数を含む方程式・不等式

与えられた方程式や不等式を2倍角の公式などを用いて，$\sin\theta$ または $\cos\theta$ に統一して考える。

□ *290　$\dfrac{\pi}{2}<\alpha<\pi$ で $\sin\alpha=\dfrac{1}{3}$ のとき，次の値を求めよ。　㊎p.134 練習7

(1)　$\sin 2\alpha$　　(2)　$\cos 2\alpha$　　(3)　$\tan 2\alpha$

□ 291　$\pi<\alpha<\dfrac{3}{2}\pi$ で $\cos\alpha=-\dfrac{3}{5}$ のとき，次の値を求めよ。　(㊎p.134 問1)

(1)　$\cos 3\alpha$　　(2)　$\sin 3\alpha$

□ 292　半角の公式を用いて，次の値を求めよ。　㊎p.135 練習8

*(1)　$\sin\dfrac{\pi}{12}$　　(2)　$\cos\dfrac{\pi}{12}$　　(3)　$\tan\dfrac{\pi}{12}$

□ 293　$\pi<\alpha<2\pi$ で $\cos\alpha=-\dfrac{1}{4}$ のとき，次の値を求めよ。　㊎p.135 練習9

(1)　$\sin\dfrac{\alpha}{2}$　　*(2)　$\cos\dfrac{\alpha}{2}$　　(3)　$\tan\dfrac{\alpha}{2}$

B

□ 294　$0\leqq\theta<2\pi$ のとき，次の方程式，不等式を解け。　㊎p.136 練習10

*(1)　$\cos 2\theta+\sin\theta=0$　　(2)　$\sin 2\theta-\cos\theta=0$
*(3)　$\cos 2\theta+\sin\theta>0$　　(4)　$\cos 2\theta+\cos\theta+1<0$

□ 295　$\tan\alpha=2$ のとき，次の値を求めよ。　(㊎p.134 練習7)

(1)　$\tan 2\alpha$　　*(2)　$\cos 2\alpha$　　(3)　$\sin 2\alpha$

□ **296** 次の等式を証明せよ。 (教p.134)

(1) $\cos^4\theta-\sin^4\theta=\cos 2\theta$ *(2) $\tan\theta+\dfrac{1}{\tan\theta}=\dfrac{2}{\sin 2\theta}$

C

例題 20

$0\leqq\theta<2\pi$ のとき，関数 $y=\dfrac{1}{2}\cos 2\theta-\cos\theta$ の最大値，最小値を求めよ。また，そのときの θ の値を求めよ。

〈考え方〉 $\cos 2\theta$ を $\cos\theta$ で表し，$\cos\theta=t$ とおいて，y を t の関数で表す。

解答 $\cos 2\theta=2\cos^2\theta-1$ から

$$y=\frac{1}{2}(2\cos^2\theta-1)-\cos\theta=\cos^2\theta-\cos\theta-\frac{1}{2}$$

$\cos\theta=t$ とおくと，$0\leqq\theta<2\pi$ より

$-1\leqq t\leqq 1$ ……①

y を t の式で表すと $y=t^2-t-\dfrac{1}{2}=\left(t-\dfrac{1}{2}\right)^2-\dfrac{3}{4}$

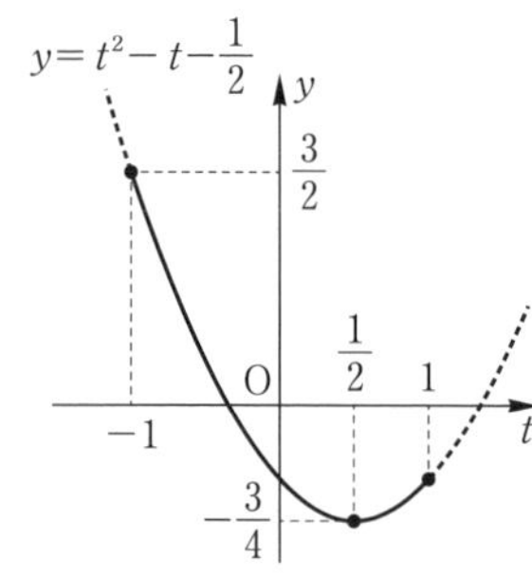

①の範囲において，y は $t=-1$ のとき，最大値 $\dfrac{3}{2}$

$t=\dfrac{1}{2}$ のとき，最小値 $-\dfrac{3}{4}$ をとる。

ここで，$0\leqq\theta<2\pi$ であるから $t=-1$ のとき $\theta=\pi$

$t=\dfrac{1}{2}$ のとき $\theta=\dfrac{\pi}{3},\ \dfrac{5}{3}\pi$

よって **$\theta=\pi$ のとき 最大値 $\dfrac{3}{2}$，$\theta=\dfrac{\pi}{3}$，$\dfrac{5}{3}\pi$ のとき 最小値 $-\dfrac{3}{4}$** 答

□ **297** $0\leqq\theta<2\pi$ のとき，関数 $y=\cos 2\theta-2\sin\theta$ の最大値，最小値を求めよ。また，そのときの θ の値を求めよ。

□ **298** $\sin\theta-\cos 2\theta=a$ が解をもつように，定数 a の値の範囲を定めよ。

□ **299** 次の関数のグラフをかけ。

(1) $y=\sin^2\theta$ (2) $y=(\sin\theta-\cos\theta)^2$

□ **300** $0\leqq\theta<2\pi$ のとき，次の方程式，不等式を解け。

(1) $\cos 2\theta+3(\sin\theta-\cos\theta)=0$ (2) $\cos 2\theta+\sin 2\theta+2(\sin\theta-\cos\theta)=1$

(3) $\sin 2\theta>\sqrt{2}\cos\theta$ (4) $\sin 2\theta+\sin\theta+2\cos\theta+1\geqq 0$

4 **三角関数の合成**

$a\sin\theta+b\cos\theta=\sqrt{a^2+b^2}\sin(\theta+\alpha)$

ただし　$\cos\alpha=\dfrac{a}{\sqrt{a^2+b^2}}$，$\sin\alpha=\dfrac{b}{\sqrt{a^2+b^2}}$

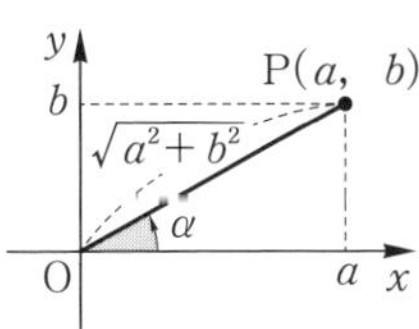

A

□ **301** 次の式を $r\sin(\theta+\alpha)$ の形に変形せよ。ただし，$r>0$，$-\pi<\alpha\leqq\pi$ とする。

(1) $\sin\theta+\cos\theta$　　*(2) $\sqrt{3}\sin\theta-\cos\theta$　　教p.137 練習 11

(3) $\dfrac{1}{2}\sin\theta-\dfrac{\sqrt{3}}{2}\cos\theta$　　*(4) $-\sin\theta+\cos\theta$

B

□ **302** 次の式を $r\sin(\theta+\alpha)$ の形に変形せよ。ただし，$r>0$，$-\pi<\alpha\leqq\pi$ とする。

*(1) $\sin\theta+2\cos\theta$　　(2) $2\sin\theta-\sqrt{5}\cos\theta$　　(教p.138 練習 13)

□ **303** $0\leqq\theta<2\pi$ のとき，次の関数の最大値と最小値を求めよ。　　教p.138 練習 12，13

*(1) $y=\sqrt{2}\sin\theta-\sqrt{2}\cos\theta$　　(2) $y=2\sin\theta+3\cos\theta$

□ *__304__ $0\leqq\theta<2\pi$ のとき，次の方程式，不等式を解け。　　教p.139 練習 14

(1) $\sin\theta+\sqrt{3}\cos\theta=\sqrt{3}$　　(2) $\sin\theta+\sqrt{3}\cos\theta>\sqrt{3}$

□ **305** 次の値を求めよ。　　(教p.137 練習 11)

(1) $\sin\dfrac{5}{12}\pi+\sqrt{3}\cos\dfrac{5}{12}\pi$　　(2) $\sin\dfrac{\pi}{12}-\cos\dfrac{\pi}{12}$

C

□ **306** $0\leqq\theta\leqq\pi$ のとき，次の関数の最大値と最小値を求めよ。また，そのときの θ の値を求めよ。

(1) $y=\sin 2\theta-\cos 2\theta+1$　　(2) $y=\sin\dfrac{\theta}{2}+\sqrt{3}\cos\dfrac{\theta}{2}$

□ **307** $0\leqq\theta<2\pi$ のとき，次の方程式，不等式を解け。

(1) $\sin 2\theta-\sqrt{3}\cos 2\theta=1$　　(2) $\sqrt{2}<\sqrt{3}\sin\theta+\cos\theta<\sqrt{3}$

□ **308** 右の図のような△ABC があり，$C=\dfrac{\pi}{2}$，AB$=5$ である。

∠ABC$=\theta$ とするとき，AC+BC の最大値を求めよ。

また，そのときの θ の値を求めよ。

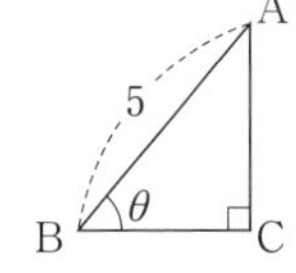

例題 21

関数 $y=\sin 2\theta+\sin\theta+\cos\theta$ について，次の問いに答えよ。

(1) $\sin\theta+\cos\theta=t$ とおいて，$\sin\theta\cos\theta$ を t を用いて表せ。また，t のとりうる値の範囲を求めよ。

(2) y を t の関数として表し，y の最大値，最小値を求めよ。

解答 (1) $\sin\theta+\cos\theta=t$ の両辺を 2 乗すると

$1+2\sin\theta\cos\theta=t^2$

よって　$\boldsymbol{\sin\theta\cos\theta=\dfrac{t^2-1}{2}}$ 答

また　$t=\sin\theta+\cos\theta=\sqrt{2}\sin\left(\theta+\dfrac{\pi}{4}\right)$

$-1\leqq\sin\left(\theta+\dfrac{\pi}{4}\right)\leqq 1$ より　$\boldsymbol{-\sqrt{2}\leqq t\leqq\sqrt{2}}$ 答

(2) $y=2\sin\theta\cos\theta+\sin\theta+\cos\theta$

$=t^2-1+t=\left(t+\dfrac{1}{2}\right)^2-\dfrac{5}{4}$

$-\sqrt{2}\leqq t\leqq\sqrt{2}$ より

$t=\sqrt{2}$ のとき　最大値 $\boldsymbol{1+\sqrt{2}}$

$t=-\dfrac{1}{2}$ のとき　最小値 $\boldsymbol{-\dfrac{5}{4}}$ 答

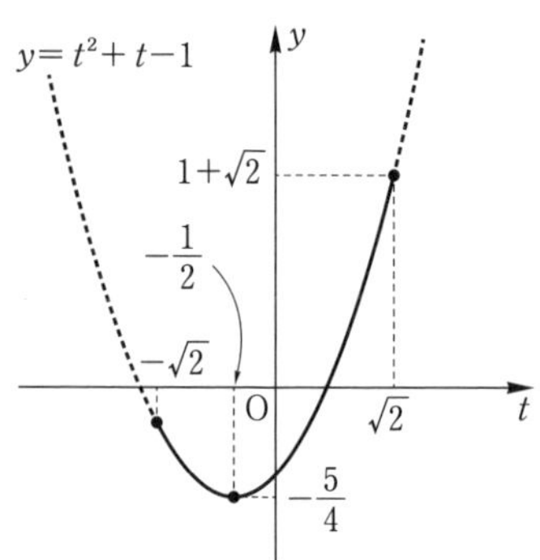

□ **309** 関数 $y=\sin\theta\cos\theta-\sin\theta-\cos\theta$ の最大値，最小値を求めよ。

例題 22

関数 $y=\sin^2\theta+2\sin\theta\cos\theta-3\cos^2\theta$ の最大値，最小値を求めよ。

〈考え方〉 2 倍角の公式，半角の公式を用いて，2θ に統一し，合成を考える。

解答 $y=\sin^2\theta+2\sin\theta\cos\theta-3\cos^2\theta$

$=\dfrac{1-\cos 2\theta}{2}+\sin 2\theta-3\cdot\dfrac{1+\cos 2\theta}{2}$

$=\sin 2\theta-2\cos 2\theta-1$

$=\sqrt{5}\sin(2\theta+\alpha)-1$

ただし，$\cos\alpha=\dfrac{1}{\sqrt{5}}$，$\sin\alpha=-\dfrac{2}{\sqrt{5}}$

$-1\leqq\sin(2\theta+\alpha)\leqq 1$ であるから

最大値は $\boldsymbol{\sqrt{5}-1}$，最小値は $\boldsymbol{-\sqrt{5}-1}$ 答

y　1　O　x　α　√5　−2　P(1, −2)

□ **310** 関数 $y=\cos^2\theta-4\sin\theta\cos\theta-3\sin^2\theta$ の最大値，最小値を求めよ。

発展 三角関数の和と積の公式

教 p.140

積を和・差に直す公式

$\sin\alpha\cos\beta=\dfrac{1}{2}\{\sin(\alpha+\beta)+\sin(\alpha-\beta)\}$　　$\cos\alpha\sin\beta=\dfrac{1}{2}\{\sin(\alpha+\beta)-\sin(\alpha-\beta)\}$

$\cos\alpha\cos\beta=\dfrac{1}{2}\{\cos(\alpha+\beta)+\cos(\alpha-\beta)\}$　　$\sin\alpha\sin\beta=-\dfrac{1}{2}\{\cos(\alpha+\beta)-\cos(\alpha-\beta)\}$

和・差を積に直す公式

$\sin A+\sin B=2\sin\dfrac{A+B}{2}\cos\dfrac{A-B}{2}$　　$\sin A-\sin B=2\cos\dfrac{A+B}{2}\sin\dfrac{A-B}{2}$

$\cos A+\cos B=2\cos\dfrac{A+B}{2}\cos\dfrac{A-B}{2}$　　$\cos A-\cos B=-2\sin\dfrac{A+B}{2}\sin\dfrac{A-B}{2}$

（注意）積を和・差に直す公式において，$\alpha+\beta=A$，$\alpha-\beta=B$ とおくと

$\alpha=\dfrac{A+B}{2}$，$\beta=\dfrac{A-B}{2}$ であるから，和・差を積に直す公式が得られる。

B

□ **311** 次の積を和または差の形に直せ。 （教 p.140 例 1）

(1) $\cos 5\theta\sin 2\theta$　　(2) $\sin 3\theta\cos\theta$

(3) $\sin 7\theta\sin 3\theta$　　(4) $\cos\theta\cos 4\theta$

□ **312** 次の値を求めよ。 （教 p.140 例 1）

(1) $\cos 45^\circ\cos 15^\circ$　　(2) $\sin 75^\circ\cos 15^\circ$

(3) $\cos 105^\circ\sin 15^\circ$　　(4) $\sin 37.5^\circ\sin 7.5^\circ$

□ **313** 次の和または差を積の形に直せ。 （教 p.140 例 2）

(1) $\sin 4\theta+\sin 2\theta$　　(2) $\sin 5\theta-\sin\theta$

(3) $\cos 7\theta+\cos 3\theta$　　(4) $\cos 3\theta-\cos 5\theta$

□ **314** 次の値を求めよ。 （教 p.140 例 2）

*(1) $\cos 75^\circ+\cos 15^\circ$　　*(2) $\cos 105^\circ-\cos 15^\circ$

(3) $\sin 285^\circ+\sin 15^\circ$　　(4) $\sin 255^\circ-\sin 195^\circ$

C

□ **315** $0\leqq\theta<2\pi$ のとき，次の方程式を解け。

(1) $\sin\theta+\sin 2\theta=0$　　(2) $\cos 4\theta-\cos 2\theta=0$

《章末問題》

□ **316** $-\sqrt{3}\sin\theta+\cos\theta$ を $r\cos(\theta+\alpha)$ の形に変形せよ。ただし，$r>0$，$-\pi<\alpha\leqq\pi$ とする。

□ **317** $\cos\theta+\cos^2\theta=1$ のとき，$1+\sin^2\theta+\sin^4\theta$ の値を求めよ。

□ **318** 次の等式を証明せよ。

(1) $\left(1+\tan\theta+\dfrac{1}{\cos\theta}\right)\left(1+\dfrac{1}{\tan\theta}-\dfrac{1}{\sin\theta}\right)=2$

(2) $\dfrac{1+\sin\theta-\cos\theta}{1+\sin\theta+\cos\theta}+\dfrac{1+\sin\theta+\cos\theta}{1+\sin\theta-\cos\theta}=\dfrac{2}{\sin\theta}$

□ **319** $0\leqq\theta<2\pi$ のとき，$\dfrac{1}{2}\leqq\sin^4\theta+\cos^4\theta\leqq1$ であることを示せ。

□ **320** $\sin\alpha=2\sin\beta$，$\cos\beta=2\cos\alpha$ のとき，$\alpha+\beta$ の値を求めよ。ただし，$0<\alpha<\dfrac{\pi}{2}$，$0<\beta<\dfrac{\pi}{2}$ とする。

□ **321** $\tan\theta+\dfrac{1}{\tan\theta}=\dfrac{10}{3}$ のとき，$\tan\theta$，$\tan2\theta$ の値を求めよ。

□ **322** θ が第 2 象限の角で，$\sin2\theta=-\dfrac{1}{4}$ のとき，次の値を求めよ。

(1) $\sin\theta-\cos\theta$　　(2) $\sin\theta+\cos\theta$　　(3) $\sin\theta$，$\cos\theta$

□ **323** $\sin\theta-\cos\theta=\dfrac{1}{\sqrt{3}}$ のとき，$\sin2\theta$，$\cos2\theta$，$\tan2\theta$ の値を求めよ。

□ **324** $0\leqq\theta<2\pi$ のとき，次の方程式，不等式を解け。

(1) $2\cos^2\theta+2\sqrt{3}\sin\theta\cos\theta=0$

(2) $\cos2\theta+2\sin\theta-2\cos\theta\geqq0$

□ **325** x についての 2 次方程式 $x^2-4x\sin\theta+2\cos2\theta=0$ が異なる 2 つの実数解をもつとき，θ の値の範囲を求めよ。ただし，$0\leqq\theta<2\pi$ とする。

□ **326** 方程式 $\cos2\theta-2\sin\theta-k=0$ が $0\leqq\theta<2\pi$ の範囲で異なる 2 つの実数解をもつとき，定数 k の値の範囲を求めよ。

□ **327** a を定数とする。関数 $y=2a\sin\theta-\dfrac{1}{2}\cos 2\theta$ $(0\leqq\theta\leqq\pi)$ の最小値を求めよ。

□ **328** 関数 $y=a\sin\theta+b\cos\theta$ は $\theta=\dfrac{\pi}{3}$ で最大値をとり，また，最小値は -4 である。定数 a，b の値を求めよ。

□ **329** 右の図のように，座っている人の目の高さより 3 m 上方に，縦 9 m のスクリーンがある。この人がスクリーンから何 m 離れて見ると，スクリーン全体を見込む角 θ が最大となるか。

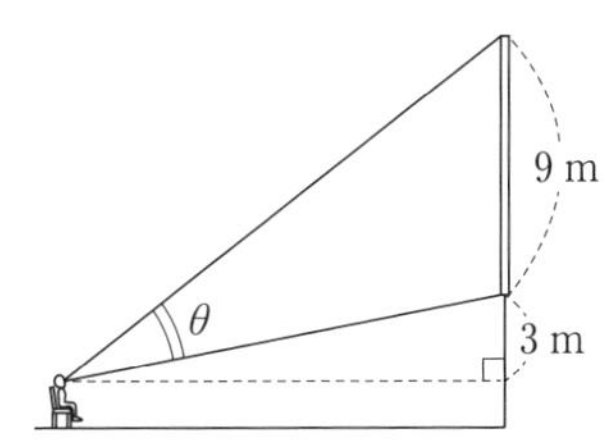

□ **330** 右の図の△ABC において，$\angle\mathrm{BAC}=\alpha$，$\angle\mathrm{ABC}=\beta$ とすると，$\cos\alpha=\dfrac{3}{5}$，$\cos\beta=\dfrac{\sqrt{3}}{3}$ である。BC$=1$ のとき，次の問いに答えよ。

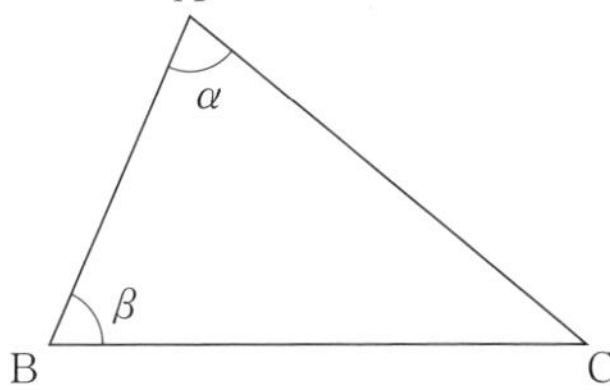

(1) 辺 AC の長さを求めよ。

(2) 辺 AB の長さを求めよ。

□ **331** 右の図の△ABC において，$\angle\mathrm{A}=45^\circ$，$\angle\mathrm{B}=60^\circ$，$\angle\mathrm{C}=75^\circ$，BC$=\sqrt{3}-1$ である。右の図のように点 A が辺 BC 上の点 A′ と重なるように折り曲げ，その折り目の両端のうち AB 上の点を P，AC 上の点を Q とする。$\angle\mathrm{A'AB}=\theta$ $(0^\circ\leqq\theta\leqq45^\circ)$ とするとき，次の問いに答えよ。

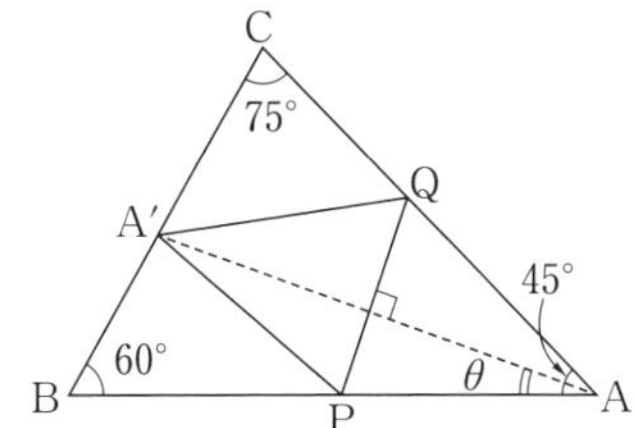

(1) 正弦定理を用いて，AB の長さを求めよ。

(2) $\angle\mathrm{AA'B}$ の大きさと AA′ の長さを θ で表せ。

(3) AP の長さの最小値と，そのときの θ を求めよ。

Prominence

□ **332** $\sin 0$，$\sin 1$，$\sin 2$，$\sin 3$，$\sin 4$ の値の大小関係を調べてみよう。

4章 指数関数・対数関数

1節 指数関数

1 指数の拡張

教p.146〜151

1 0と負の整数の指数

$a \neq 0$ で，n が正の整数のとき　$a^0=1$，$a^{-n}=\dfrac{1}{a^n}$

指数法則　$a \neq 0$，$b \neq 0$ で，m，n が整数のとき

(1)　$a^m a^n=a^{m+n}$，$\dfrac{a^m}{a^n}=a^{m-n}$　　(2)　$(a^m)^n=a^{mn}$　　(3)　$(ab)^n=a^n b^n$，$\left(\dfrac{a}{b}\right)^n=\dfrac{a^n}{b^n}$

2 累乗根

a は実数，n は2以上の整数とする。

a の n 乗根　実数 a と2以上の整数 n に対して，n 乗して a になる数，
すなわち $x^n=a$ を満たす x　　とくに　$\sqrt[n]{0}=0$

一般に，$a \neq 0$ のとき，a の n 乗根について次のことがいえる。

(1)　n が奇数のとき，a の正負に関係なく，a の n 乗根はただ1つであり，$\sqrt[n]{a}$ で表す。

(2)　n が偶数のとき，$a>0$ のとき，正と負の2つあり，それぞれ $\sqrt[n]{a}$，$-\sqrt[n]{a}$ で表す。
$a<0$ のとき，a の n 乗根は存在しない。

3 累乗根の性質

$a>0$ のとき　$(\sqrt[n]{a})^n=a$，$\sqrt[n]{a}>0$

$a>0$，$b>0$ で，m，n，p が正の整数のとき

(1)　$\sqrt[n]{a}\sqrt[n]{b}=\sqrt[n]{ab}$　(2)　$\dfrac{\sqrt[n]{a}}{\sqrt[n]{b}}=\sqrt[n]{\dfrac{a}{b}}$　(3)　$(\sqrt[n]{a})^m=\sqrt[n]{a^m}$　(4)　$\sqrt[m]{\sqrt[n]{a}}=\sqrt[mn]{a}$　(5)　$\sqrt[n]{a^m}=\sqrt[np]{a^{mp}}$

4 有理数の指数　　**5 無理数の指数**

$a>0$ で，m，n が正の整数，r が正の有理数のとき　$a^{\frac{m}{n}}=\sqrt[n]{a^m}$，$a^{-r}=\dfrac{1}{a^r}$

指数法則　$a>0$，$b>0$ で，r，s が有理数（または実数）のとき

(1)　$a^r a^s=a^{r+s}$，$\dfrac{a^r}{a^s}=a^{r-s}$　　(2)　$(a^r)^s=a^{rs}$　　(3)　$(ab)^r=a^r b^r$，$\left(\dfrac{a}{b}\right)^r=\dfrac{a^r}{b^r}$

A

□ **333**　次の値を求めよ。　教p.146 練習1

*(1)　$(-2)^0$　　(2)　4^{-1}　　*(3)　3^{-2}　　(4)　$(-6)^{-3}$

□ **334**　次の計算をせよ。　教p.147 練習2

(1)　a^5a^{-2}　　*(2)　$a^{-3}\div a^{-5}$　　(3)　$(a^2)^{-4}$

(4)　$(a^{-1}b^2)^{-3}$　　(5)　$\left(\dfrac{a^{-3}}{b}\right)^2$　　*(6)　$a^{-6}\times a^4\div(a^{-1})^2$

□ **335**　次の値を求めよ。　教p.147 練習3

*(1)　$3^{-2}\div 3^{-4}$　　*(2)　$7^{-1}\times 7^3\div 7^4$

(3)　$10^4\div 10^{-2}\times 10^3$　　(4)　$4^4\div 4^{-3}\div 4^2$

□ **336** 次の値を求めよ。 ㊖p.148 練習 4

*(1) $\sqrt[4]{16}$　*(2) $\sqrt[3]{-27}$　(3) $\sqrt[3]{729}$　(4) $\sqrt[5]{0.00001}$

□ **337** 次の式を簡単にせよ。 ㊖p.149 練習 5

(1) $\sqrt[5]{27}\sqrt[5]{9}$　*(2) $\dfrac{\sqrt[4]{80}}{\sqrt[4]{5}}$　(3) $(\sqrt[3]{5})^6$

*(4) $\sqrt[8]{49^4}$　*(5) $\sqrt[3]{\sqrt{216}}$　(6) $\dfrac{\sqrt[3]{375}}{\sqrt[3]{81}}$

□ **338** 次の値を求めよ。 ㊖p.150 練習 6

*(1) $4^{\frac{5}{2}}$　(2) $27^{-\frac{4}{3}}$　(3) $\left(\dfrac{32}{243}\right)^{\frac{2}{5}}$　*(4) $0.09^{-0.5}$

□ **339** 次の式を a^r の形で表せ。ただし，$a>0$ とする。 ㊖p.150 練習 7

(1) $\sqrt[4]{a^3}$　*(2) $\sqrt[5]{a^{-2}}$　*(3) $\dfrac{1}{\sqrt[6]{a}}$　(4) $\dfrac{1}{(\sqrt[3]{a^{-1}})^5}$

□ **340** 次の計算をせよ。ただし，$a>0$，$b>0$ とする。 ㊖p.151 練習 8

(1) $2^{\frac{5}{6}}\times2^{-\frac{1}{2}}\div2^{\frac{1}{3}}$　*(2) $(32^{-\frac{4}{5}})^{-\frac{3}{2}}$

*(3) $\sqrt[3]{a}\div\dfrac{a^3}{\sqrt[6]{a}}\times a\sqrt{a}$　(4) $a^{-\frac{3}{2}}b^{-\frac{1}{2}}\times a^3b^{\frac{5}{2}}\div\dfrac{a^{\frac{1}{2}}}{b^3}$

B

□ **341** 次の値を求めよ。 (㊖p.147 練習 2，3)

*(1) $5^3\div(5^2)^{-1}\times5^{-5}$　(2) $(3^{-2})^{-4}\div3^{-1}\div3^5$

□ **342** 次の数のうち実数であるものを求めよ。 (㊖p.148)

(1) 729 の 6 乗根　(2) -216 の 3 乗根

□* **343** 次の計算をせよ。 (㊖p.151 練習 8)

(1) $\sqrt[6]{16}\times\sqrt[3]{\dfrac{1}{2}}\div\sqrt{9\sqrt[3]{4}}$　(2) $\sqrt{\dfrac{25}{3}}-\sqrt[4]{\dfrac{16}{9}}+\sqrt{48}$

C

□ **344** 次の計算をせよ。ただし，$a>0$，$b>0$ とする。

(1) $(a^{\frac{1}{3}}+b^{\frac{1}{3}})(a^{\frac{2}{3}}-a^{\frac{1}{3}}b^{\frac{1}{3}}+b^{\frac{2}{3}})$　(2) $(a^{\frac{1}{2}}-a^{\frac{1}{4}}b^{\frac{1}{4}}+b^{\frac{1}{2}})(a^{\frac{1}{2}}+a^{\frac{1}{4}}b^{\frac{1}{4}}+b^{\frac{1}{2}})$

2 指数関数

教 p.152〜156

1 指数関数のグラフ

$a>0$, $a\neq1$ のとき，指数関数 $y=a^x$ のグラフは次のようになる。

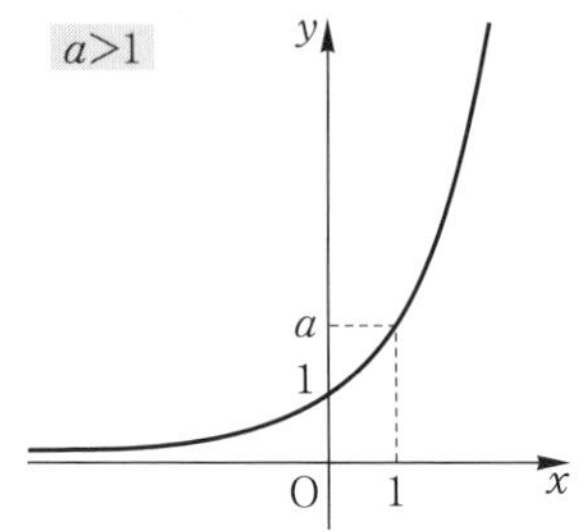

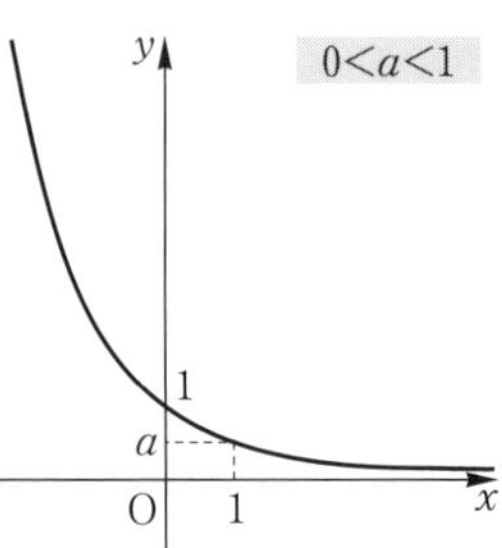

$y=\left(\dfrac{1}{a}\right)^x$ のグラフは，$y=a^x$ のグラフと y 軸に関して対称

2 指数関数の性質　3 指数関数を含む方程式・不等式

関数 $y=a^x$ $(a>0,\ a\neq1)$ について

(1) 定義域は実数全体，値域は正の実数全体，$u=v \iff a^u=a^v$

(2) グラフは点 $(0,\ 1)$ を通り，x 軸が漸近線

(3) $a>1$ のとき　　x の値が増加すると y の値も増加　$u<v \iff a^u<a^v$

$0<a<1$ のとき　x の値が増加すると y の値は減少　$u<v \iff a^u>a^v$

A

□ **345** 次の関数のグラフをかけ。 教 p.153 練習 9

(1) $y=4^x$　　*(2) $y=\left(\dfrac{1}{4}\right)^x$　　*(3) $y=-4^x$　　(4) $y=-\left(\dfrac{1}{4}\right)^x$

□ **346** 次の各数の大小を，不等号を用いて表せ。 教 p.154 練習 10

*(1) $\sqrt[3]{16}$, $\sqrt[5]{128}$, $\sqrt[7]{512}$　　(2) 1, $\sqrt[4]{0.3^3}$, $\sqrt[5]{0.3^4}$, $\sqrt[6]{0.3^5}$

□ **347** 次の方程式を解け。 教 p.155 練習 11

(1) $4^x=32$　　(2) $27^x=3\sqrt{3}$　　*(3) $\left(\dfrac{1}{9}\right)^x=3^{x-6}$

□ **348** 次の不等式を解け。 教 p.155 練習 12

(1) $3^x>\dfrac{1}{243}$　　*(2) $5^{2-x}\leqq125$　　(3) $\dfrac{1}{2}\left(\dfrac{1}{2}\right)^x<\dfrac{1}{4\sqrt{2}}$

□ **349** 次の方程式を解け。 ㊙p.156 練習 13

(1) $2^{2x}-5\cdot2^x+4=0$　(2) $3^{2x+1}+2\cdot3^x=1$

(3) $4^x+2^{x+2}-12=0$　*(4) $\left(\frac{1}{9}\right)^x-6\cdot\left(\frac{1}{3}\right)^x-27=0$

□ **350** 次の不等式を解け。 ㊙p.156 練習 14

*(1) $9^x-4\cdot3^x+3\leqq0$　(2) $16^x-6\cdot4^{x-1}-1>0$

B

□ **351** 次の方程式，不等式を解け。 (㊙p.155 練習 11，12)

*(1) $2\cdot4^x=\sqrt{2}\cdot2^x$　(2) $(5\cdot5^x)^x=25$

*(3) $\frac{1}{9}\leqq\left(\frac{1}{3}\right)^x\leqq1$　(4) $4^x\leqq(\sqrt[3]{2})^{x-1}$

□ **352** 次の方程式，不等式を解け。 (㊙p.156 練習 13，14)

(1) $\left(\frac{1}{4}\right)^{2x-\frac{1}{2}}=9\left(\frac{1}{4}\right)^x-4$　(2) $\left(\frac{1}{3}\right)^{2x-1}-4\left(\frac{1}{3}\right)^x+1\geqq0$

C

□ **353** 方程式 $2^x-24\cdot2^{-x}-5=0$ を解け。

□ **354** $3^x-3^{-x}=4$ のとき，次の式の値を求めよ。

(1) 9^x+9^{-x}　(2) 3^x+3^{-x}　(3) 27^x-27^{-x}

□ **355** $a>0$，$a^{2x}=3$ のとき，次の式の値を求めよ。

(1) $(a^x+a^{-x})(a^x-a^{-x})$　(2) $\frac{a^{3x}-a^{-3x}}{a^x-a^{-x}}$

□ **356** 次の各数の大小を，不等号を用いて表せ。

(1) $\sqrt{5}$，$\sqrt[3]{11}$，$\sqrt[6]{130}$　(2) 2^{40}，3^{30}，5^{20}

ヒント **353** 両辺に 2^x を掛ける。

□ **357** 次の関数の最大値，最小値があればそれを求めよ。また，そのときの x の値を求めよ。

(1) $y=9^x-2\cdot3^{x+2}+45$　　(2) $y=-4^x+2\cdot2^x+2$ $(-1\leqq x\leqq2)$

例題 23

関数 $y=2^{2x}+2^{-2x}-5(2^x+2^{-x})+9$ について，次の問いに答えよ。

(1) $t=2^x+2^{-x}$ とするとき，y を t の式で表せ。

(2) t のとりうる値の範囲を求めよ。

(3) y の最小値と，そのときの x の値を求めよ。

解答 (1) $t^2=(2^x+2^{-x})^2=(2^x)^2+2\cdot2^x\cdot2^{-x}+(2^{-x})^2=2^{2x}+2^{-2x}+2$

より　$2^{2x}+2^{-2x}=t^2-2$

よって　$y=(t^2-2)-5t+9$　　すなわち　$\boldsymbol{y=t^2-5t+7}$ 答

(2) $2^x>0$，$2^{-x}>0$ であるから，相加平均と相乗平均の関係より

$$2^x+2^{-x}\geqq2\sqrt{2^x\cdot2^{-x}}=2$$

等号は，$2^x=2^{-x}$　すなわち　$2^x=\dfrac{1}{2^x}$

$2^{2x}=1$ から，$x=0$ のとき成り立つ。

よって，t のとりうる値の範囲は　$\boldsymbol{t\geqq2}$ 答

(3) (1)より　$y=\left(t-\dfrac{5}{2}\right)^2+\dfrac{3}{4}$

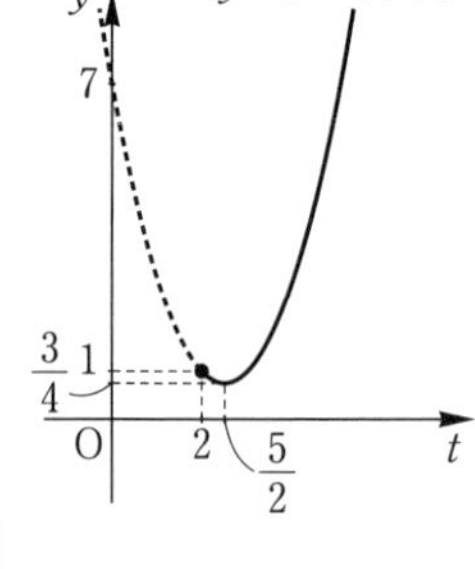

(2)より $t\geqq2$ であるから，y は $t=\dfrac{5}{2}$ のとき最小となる。

$2^x+2^{-x}=\dfrac{5}{2}$ のとき，両辺に $2\cdot2^x$ を掛けて

$$2(2^x)^2-5\cdot2^x+2=0$$

$$(2\cdot2^x-1)(2^x-2)=0$$

> $2^x=X$ とおくと
> $2X^2-5X+2=0$
> $(2X-1)(X-2)=0$

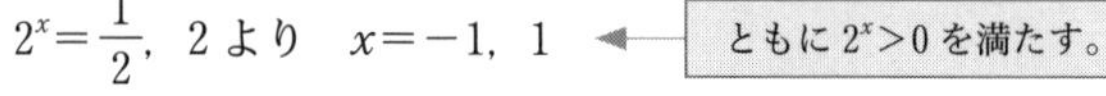

$2^x=\dfrac{1}{2}$，2 より　$x=-1$，1

> ともに $2^x>0$ を満たす。

よって，$\boldsymbol{x=\pm1}$ のとき，y は最小値 $\boldsymbol{\dfrac{3}{4}}$ をとる。 答

□ **358** 関数 $y=-(9^x+9^{-x})+8(3^x+3^{-x})-6$ について，次の問いに答えよ。

(1) $t=3^x+3^{-x}$ とするとき，y を t の式で表せ。

(2) t のとりうる値の範囲を求めよ。

(3) y の最大値と，そのときの 3^x の値を求めよ。

ヒント **357** (1) $3^x=t$ とおき，t についての関数とみて考える。ただし，t のとりうる範囲に注意する。

2節　対数関数

1　対数とその性質

教 p.158〜162

1　対数の定義

$a>0$，$a \neq 1$ で，$M>0$ のとき　$a^p=M \iff p=\log_a M$

このとき　p を a を 底 とする M の 対数 といい，M をこの対数の 真数 という。

また　$a^{\log_a M}=M$，$\log_a a^p=p$

2　対数の性質

$a>0$，$a \neq 1$，$M>0$，$N>0$ で，r を実数とするとき

(1)　$\log_a 1=0$，$\log_a a=1$

(2)　$\log_a MN=\log_a M+\log_a N$

(3)　$\log_a \dfrac{M}{N}=\log_a M-\log_a N$

(4)　$\log_a M^r=r\log_a M$

とくに　$\log_a \dfrac{1}{N}=-\log_a N$，$\log_a \sqrt[n]{M}=\dfrac{1}{n}\log_a M$

3　底の変換公式

a，b，c が正の数で，$a \neq 1$，$c \neq 1$ のとき　$\log_a b=\dfrac{\log_c b}{\log_c a}$

A

□ **359**　次の等式を $p=\log_a M$ の形で表せ。　教 p.159 練習 1

(1)　$3^5=243$　　*(2)　$5^{-3}=\dfrac{1}{125}$　　*(3)　$64^{\frac{2}{3}}=16$

(4)　$128^{-\frac{3}{7}}=\dfrac{1}{8}$　　*(5)　$0.3^0=1$　　(6)　$9^{0.5}=3$

□ **360**　次の等式を $a^p=M$ の形で表せ。　教 p.159 練習 2

(1)　$\log_{10} 10000=4$　　*(2)　$\log_{\frac{1}{3}} \sqrt{3}=-\dfrac{1}{2}$　　(3)　$\log_{\sqrt{2}} 16=8$

□ **361**　次の値を求めよ。　教 p.159 練習 3

(1)　$\log_2 512$　　*(2)　$\log_3 \dfrac{1}{81}$　　*(3)　$\log_5 \sqrt[4]{125}$　　(4)　$\log_7 1$

□ **362**　次の値を求めよ。　教 p.159 練習 4

*(1)　$\log_9 3$　　(2)　$\log_4 4\sqrt{2}$　　*(3)　$\log_{\frac{1}{5}} 25$

□ **363** 次の式を簡単にせよ。 ㊖p.161 練習 5

*(1) $\log_{10}4+\log_{10}25$　(2) $\log_3 30-\log_3 10$

(3) $\log_6\dfrac{9}{4}+\log_6 16$　(4) $\log_5\dfrac{2}{15}-\log_5\dfrac{50}{3}$

□ **364** 次の式を簡単にせよ。 ㊖p.161 練習 6

(1) $\log_5\sqrt{15}+\log_5\sqrt{\dfrac{5}{3}}$　(2) $\log_2\sqrt{18}-\log_2\dfrac{3}{4}$

*(3) $2\log_3\sqrt{15}+\log_3\dfrac{9}{5}$　(4) $\log_6 72-\dfrac{1}{3}\log_6 8$

*(5) $\log_{10}\dfrac{9}{2}-\log_{10}\dfrac{5}{4}-2\log_{10}\dfrac{3}{5}$　(6) $\log_2\sqrt{12}-\dfrac{1}{2}\log_2\dfrac{3}{32}+\dfrac{3}{2}\log_2\dfrac{1}{\sqrt[6]{4}}$

□ **365** $\log_{10}2=a$，$\log_{10}3=b$ とするとき，次の値を a，b で表せ。 ㊖p.161 練習 7

*(1) $\log_{10}72$　(2) $\log_{10}\sqrt[3]{\dfrac{16}{81}}$　*(3) $\log_{10}\sqrt{5}$

□ **366** 次の式を簡単にせよ。 ㊖p.162 練習 8

(1) $\log_8 32$　*(2) $\log_{\frac{1}{3}}9$　*(3) $\log_5 9\cdot\log_3 25$

*(4) $\log_3 6-\log_9 12$　(5) $\log_2\dfrac{1}{3}+\dfrac{1}{\log_3 2}$

□ **367** a，b，c，d は正の数とする。$a\neq 1$，$b\neq 1$，$c\neq 1$，$d\neq 1$ のとき，次の等式が成り立つことを示せ。 ㊖p.162 練習 9

(1) $\dfrac{\log_a b}{\log_c d}=\dfrac{\log_d c}{\log_b a}$　*(2) $\log_a b\cdot\log_b c\cdot\log_c d=\log_a d$

B

□ **368** 次の等式を満たす p，M，a の値をそれぞれ求めよ。 (㊖p.159 練習 1～4)

(1) $\log_2 2\sqrt[3]{4}=p$　(2) $\log_3 M=-\dfrac{5}{2}$　*(3) $\log_a\dfrac{1}{81}=4$

□ **369** 次の式を簡単にせよ。 (㊖p.162 練習 8)

(1) $\log_2 3\cdot\log_3 6\cdot\log_6 4$　(2) $\log_2 25\div\log_4 5$

*(3) $\log_2 3\cdot\log_9 16+\log_3 4\cdot\log_4 3$　*(4) $\log_2 16+\log_4 8-\log_8 4$

□ **370** $\log_3 5=a$, $\log_5 7=b$ とするとき, $\log_{35}63$ を a, b で表せ。 (教 p.161 練習 7 p.162 練習 8)

C

□ **371** 次の式を簡単にせよ。

(1) $(\log_4 3-\log_8 3)(\log_3 2+\log_9 2)$　(2) $(\log_3 4+\log_5 8\cdot\log_3 5)\log_2 3$

(3) $\log_2 3+\log_3 2-\log_2 6\cdot\log_3 6$

□ **372** 次の式を簡単にせよ。

(1) $2^{\log_2 10}$　(2) $10^{2\log_{10}\sqrt{3}}$　(3) $3^{\log_9 4}$

□ **373** $2\log_5(a-b)=\log_5 a+\log_5 b$ が成り立つとき, $\dfrac{a}{b}$ の値を求めよ。

例題 24

$2^x=3^y=6^z$, $xyz\neq 0$ のとき, 等式 $\dfrac{1}{x}+\dfrac{1}{y}=\dfrac{1}{z}$ を証明せよ。

〈考え方〉 $2^x=3^y=6^z$ の各辺の 2 を底とする対数の値を k とし, x, y, z を k の式で表す。

解答 $2^x=3^y=6^z$ の各辺は正の数であるから, 各辺の 2 を底とする対数をとり, その値を k とおくと

$$x=y\log_2 3=z\log_2 6=k \quad (xyz\neq 0 \text{ より } \quad k\neq 0)$$

よって

$$\frac{1}{x}+\frac{1}{y}=\frac{1}{k}+\frac{\log_2 3}{k}=\frac{1+\log_2 3}{k}=\frac{\log_2(2\cdot 3)}{k}=\frac{\log_2 6}{k}$$

$$\frac{1}{z}=\frac{\log_2 6}{k}$$

ゆえに $\dfrac{1}{x}+\dfrac{1}{y}=\dfrac{1}{z}$ 終

□ **374** $2^x=3^y=72^z$, $xyz\neq 0$ のとき, 等式 $\dfrac{3}{x}+\dfrac{2}{y}=\dfrac{1}{z}$ を証明せよ。

□ **375** a を 1 でない正の定数, x, y を $2^x=5^y=a$ を満たす実数とする。

$\dfrac{1}{x}+\dfrac{1}{y}=\dfrac{1}{3}$ となる a の値を求めよ。

ヒント **372** $a>0$, $a\neq 1$, $M>0$ のとき, $a^p=M \iff \log_a M=p$ であるから, $a^{\log_a M}=M$ が成り立つ。

373 与えられた等式から, a と b の関係式を導く。真数は正であるから, $a-b>0$, $a>0$, $b>0$ であることに注意する。

2 対数関数とそのグラフ

㊎p.163〜168

1 対数関数のグラフ　2 対数関数と指数関数

$a>0$, $a \neq 1$ のとき，対数関数 $y=\log_a x$ のグラフは次のようになる。

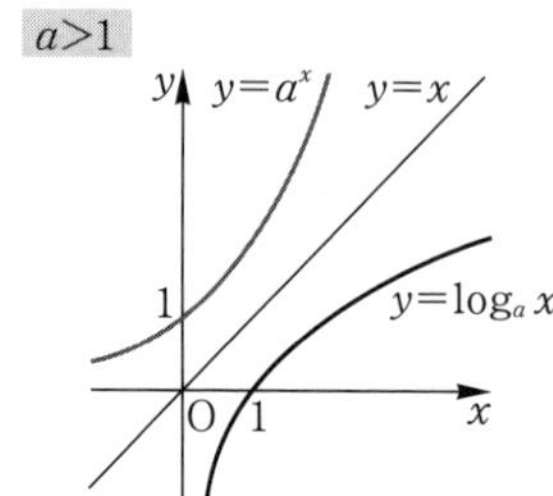

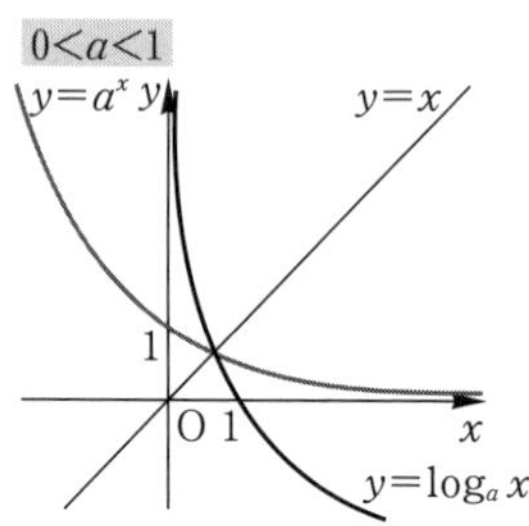

$y=\log_a x$ のグラフは，指数関数 $y=a^x$ のグラフと直線 $y=x$ に関して対称

3 対数関数の性質

$a>0$, $a \neq 1$ とする。$y=\log_a x$ について

(1) 定義域は正の実数全体，値域は実数全体

また　$u>0$, $v>0$ のとき　$u=v \iff \log_a u=\log_a v$

(2) グラフは点 $(1,\ 0)$ を通り，y 軸が漸近線

(3) $a>1$ のとき　　x の値が増加すると y の値も増加　$0<u<v \iff \log_a u<\log_a v$

$0<a<1$ のとき　x の値が増加すると y の値は減少　$0<u<v \iff \log_a u>\log_a v$

4 対数関数を含む方程式・不等式　5 対数関数を含む関数の最大値・最小値

・真数が正であることに注意する。

・不等式では，$0<$底<1 のとき，不等号の向きに注意する。

A

□ **376** 次の関数のグラフをかけ。 ㊎p.164 練習 10

*(1) $y=\log_4 x$　*(2) $y=\log_{\frac{1}{4}} x$　(3) $y=\log_5 x$　(4) $y=\log_{\frac{1}{5}} x$

□ **377** 次の各数の大小を，不等号を用いて表せ。 ㊎p.165 練習 11

(1) $\log_6 5,\ 1,\ 2\log_6\sqrt{3}$　*(2) $2\log_{\frac{1}{3}} 5,\ \frac{5}{2}\log_{\frac{1}{3}} 4,\ 3\log_{\frac{1}{3}} 3$

□ **378** 次の方程式を解け。 ㊎p.166 練習 12

(1) $\log_2(x+4)=3$　*(2) $\log_8(x+1)=\frac{1}{3}$　(3) $\log_{\frac{1}{4}}(x-2)=-3$

□ **379** 次の不等式を解け。 (教)p.166 練習 12

(1) $\log_4 x > \dfrac{1}{2}$　　(2) $\log_3(x-4) < 2$　　*(3) $\log_{\frac{1}{2}}(x+1) \geqq -3$

□ **380** 次の方程式を解け。 (教)p.167 練習 13

*(1) $\log_6 x + \log_6(x+1) = 1$　　(2) $\log_3 x = 1 - \log_3(x-2)$

*(3) $2\log_2(x-5) - \log_2(x-2) = 2$

B

□ **381** 次の不等式を解け。 (教)p.167 練習 14

(1) $\log_{10}(x+1) + \log_{10}(x-2) > 1$　　*(2) $\log_2(x-1) + \log_2(x+5) < 4$

(3) $2\log_{\frac{1}{2}}(x-3) \geqq \log_{\frac{1}{2}}(x-1)$

□* **382** $1 \leqq x \leqq 8$ のとき，関数 $y = -(\log_2 x)^2 + 2\log_2 x + 3$ の最大値と最小値を求めよ。また，そのときの x の値を求めよ。 (教)p.168 練習 15

□ **383** 方程式 $\log_2 x^2 = 4$ を解け。 ((教)p.166 練習 12)

C

□ **384** 次の各数の大小を，不等号を用いて表せ。

(1) $\log_{\sqrt{2}} 3$，$\log_2 7$，$\log_4 50$　　(2) $\log_{\frac{1}{3}} 4$，$\log_{\frac{1}{9}} 15$，$\log_{\frac{1}{27}} 65$

(3) $\log_{\frac{1}{3}} 4$，$\log_2 4$，$\log_3 4$　　(4) $\log_4 9$，$\log_9 25$，1.5

□ **385** $1 < a < b < a^2$ のとき，次の各数を小さい方から順に並べよ。

$$\log_a b,\ \log_b a,\ \log_a \frac{a}{b},\ \log_b \frac{b}{a}$$

□ **386** 関数 $y = \log_2(x - x^2)$ の最大値，最小値があればそれを求めよ。また，そのときの x の値を求めよ。

□ **387** 関数 $y = \log_3(x+1) + \log_3(5-x)$ の最大値と，そのときの x の値を求めよ。

□ **388** $1 \leqq x \leqq 4$ のとき，関数 $y = \left(\log_2 \dfrac{x^2}{4}\right)\left(\log_2 \dfrac{4}{x}\right)$ の最大値と最小値を求めよ。また，そのときの x の値を求めよ。

例題 25

不等式 $\left(\log_{\frac{1}{2}} x\right)^2 > \log_{\frac{1}{2}} x^2$ を解け。

解答 真数は正であるから　$x>0$ かつ $x^2>0$　　これより　$x>0$　……①

$\log_{\frac{1}{2}} x = t$ とおくと　$\log_{\frac{1}{2}} x^2 = 2\log_{\frac{1}{2}} x = 2t$ であるから，不等式は　$t^2>2t$　と表される。

$t^2-2t=t(t-2)>0$ より　$t<0$，$2<t$

すなわち　$\log_{\frac{1}{2}} x<0$，$2<\log_{\frac{1}{2}} x$

$\log_{\frac{1}{2}} x<\log_{\frac{1}{2}} 1$，$\log_{\frac{1}{2}} \frac{1}{4}<\log_{\frac{1}{2}} x$

底 $\frac{1}{2}$ は 1 より小さいから　$x>1$，$\frac{1}{4}>x$　……②　← 不等号の向きが変わる

①，②より　$\boldsymbol{0<x<\frac{1}{4}}$，$\boldsymbol{1<x}$　答

□ **389** 不等式 $\left(\log_{\frac{1}{3}} x\right)^2 - \log_{\frac{1}{3}} x^4 + 3 < 0$ を解け。

例題 26

次の方程式，不等式を解け。

(1) $\log_3 x + 2\log_9 (x-8) = 2$　　(2) $\log_{\frac{1}{2}} x > \log_{\frac{1}{4}} (x+6)$

解答 (1) 真数は正であるから　$x>0$ かつ $x-8>0$　　これより　$x>8$　……①

$2\log_9 (x-8) = \dfrac{2\log_3 (x-8)}{\log_3 9} = \log_3 (x-8)$ であるから　← 底を 3 にそろえる

$\log_3 x + \log_3 (x-8) = 2$　すなわち　$\log_3 x(x-8) = \log_3 3^2$

よって　$x(x-8)=9$　　これを解くと，$x^2-8x-9=0$ より　$x=-1$，9

①より　$\boldsymbol{x=9}$　答

(2) 真数は正であるから　$x>0$ かつ $x+6>0$　　これより　$x>0$　……①

$\log_{\frac{1}{4}} (x+6) = \dfrac{\log_{\frac{1}{2}} (x+6)}{\log_{\frac{1}{2}} \frac{1}{4}} = \dfrac{1}{2}\log_{\frac{1}{2}} (x+6)$　← 底を $\frac{1}{2}$ にそろえる

であるから，不等式を変形して　$2\log_{\frac{1}{2}} x > \log_{\frac{1}{2}} (x+6)$

$\log_{\frac{1}{2}} x^2 > \log_{\frac{1}{2}} (x+6)$

底 $\frac{1}{2}$ は 1 より小さいから　$x^2<x+6$

整理して　$x^2-x-6<0$　　これを解いて　$-2<x<3$　……②

①，②より　$\boldsymbol{0<x<3}$　答

□ **390** 次の方程式，不等式を解け。

(1) $\log_3 x+\log_9 x=3$　　(2) $\log_2(4-x)>\log_4 2x$

□ **391** 次の方程式，不等式を解け。

(1) $(\log_2 x)^2+\log_4 x-3=0$　　(2) $\left(\log_{\frac{1}{3}} x\right)^2+10\log_{\frac{1}{27}} x+1\geqq 0$

例題 27

不等式 $\log_a(x-1)-\log_a(7-x)>0$ を解け。ただし，$a>0$，$a\neq 1$ とする。

〈考え方〉底の大きさに注意して，$a>1$ と $0<a<1$ の場合に場合分けをする。

解答 真数は正であるから　$x-1>0$ かつ $7-x>0$

これより　$1<x<7$　……①

不等式を変形して　$\log_a(x-1)>\log_a(7-x)$

(i) $a>1$ のとき，底 a は1より大きいから　$x-1>7-x$

これを解くと　$x>4$　……②

①，②より　$4<x<7$

(ii) $0<a<1$ のとき，底 a は1より小さいから　$x-1<7-x$

これを解くと　$x<4$　……③

①，③より　$1<x<4$

(i)，(ii) より　$\boldsymbol{a>1}$ **のとき**　$\boldsymbol{4<x<7}$

$\boldsymbol{0<a<1}$ **のとき**　$\boldsymbol{1<x<4}$　答

□ **392** 不等式 $\log_a(x-1)<\log_a(3-x)$ を解け。ただし，$a>0$，$a\neq 1$ とする。

例題 28

方程式 $2^{x+1}=3^x$ を解け。

〈考え方〉両辺の底が等しい対数をとる。

解答 $2^{x+1}>0$，$3^x>0$ であるから，両辺の2を底とする対数をとると

$$x+1=x\log_2 3$$

整理して　$(\log_2 3-1)x=1$　　よって　$\boldsymbol{x=\dfrac{1}{\log_2 3-1}}$　答

〈注意〉底は2以外をとってもよい。たとえば，3を底とする対数をとると，解は $x=\dfrac{\log_3 2}{1-\log_3 2}$ となる。

□ **393** 次の方程式を解け。

(1) $5^x=10^{2x-1}$　　(2) $4^{x+1}=3^{2x}$

4 2節 対数関数

3 常用対数

㊜p.169〜170

1 常用対数の値

常用対数　10 を底とする対数

正の数の桁数

正の数 N の整数部分が n 桁のとき

$$10^{n-1} \leqq N < 10^{n} \iff n-1 \leqq \log_{10} N < n$$

小数首位

1 より小さい正の数 N を小数で表すと，小数第 n 位にはじめて 0 でない数字が現れるとき

$$10^{-n} \leqq N < 10^{-n+1} \iff -n \leqq \log_{10} N < -n+1$$

A

□ **394** 巻末の常用対数表を用いて，次の対数の値を求めよ。 ㊜p.169 練習 16

(1) $\log_{10} 5.43$　　*(2) $\log_{10} 543$

(3) $\log_{10} 24$　　*(4) $\log_{10} 0.925$

□ **395** 次の対数の値を求めよ。ただし，$\log_{10} 2 = 0.3010$，$\log_{10} 3 = 0.4771$ とする。

*(1) $\log_{10} 6$　　(2) $\log_{10} 24$ (㊜p.169)

*(3) $\log_{10} 5$　　(4) $\log_{2} 10$

□ **396** 次の数の桁数を求めよ。ただし，$\log_{10} 2 = 0.3010$，$\log_{10} 3 = 0.4771$ とする。

(1) 2^{30}　　*(2) 3^{15} ㊜p.169 練習 17

□ **397** 次の数を小数で表すと，小数第何位にはじめて 0 でない数字が現れるか。ただし，$\log_{10} 2 = 0.3010$，$\log_{10} 3 = 0.4771$ とする。 ㊜p.170 練習 18

*(1) 0.3^{15}　　(2) $\left(\dfrac{1}{4}\right)^{50}$

B

□* **398** ビーカーに付着しているある薬品がある。このビーカーを 1 回水洗いするごとに薬品の 80％が洗い流され，20％がなお残留するという。このビーカーを何回水洗いすると，ビーカーに付着している薬品の量がはじめの 100000 分の 1 以下になるか。ただし，$\log_{10} 2 = 0.3010$ とする。 ㊜p.170 練習 19

□ **399** 6^{16} と 18^{10} の大小を比較せよ。ただし，$\log_{10} 2 = 0.3010$，$\log_{10} 3 = 0.4771$ とする。

(㊜p.169 練習 16)

C

□ **400** $\log_{10}2=0.3010$, $\log_{10}3=0.4771$ として，次の問いに答えよ。

(1) $\left(\dfrac{3}{2}\right)^n>100$ を満たす整数 n の最小値を求めよ。

(2) $0.8^n<0.003$ を満たす整数 n の最小値を求めよ。

□ **401** $\log_{10}2=0.3010$, $\log_{10}3=0.4771$ として，次の問いに答えよ。

(1) 15^n が 20 桁の数となるときの整数 n の値を求めよ。

(2) 0.3^n の小数第 5 位にはじめて 0 でない数字が現れるような整数 n の値をすべて求めよ。

研究 最高位の数字

㊙p.172

正の数 N に対して，$0\leqq a<1$ を満たす実数 a と整数 n を用いて

$$\log_{10}N=a+n \quad \text{すなわち} \quad N=10^a\cdot10^n$$

と表せるとき，10^a の値を調べることで最高位の数字や，小数で表したときにはじめて現れる 0 でない数字が求められる。

(例) 3^{30} について　$\log_{10}3^{30}=30\times\log_{10}3=30\times0.4771=14.313$

よって　$3^{30}=10^{14.313}=10^{0.313}\times10^{14}$

$\log_{10}2=0.3010$, $\log_{10}3=0.4771$ より　$2=10^{0.3010}$, $3=10^{0.4771}$

ここで　$0.3010<0.313<0.4771$

であり，底 10 は 1 より大きいから

$10^{0.3010}<10^{0.313}<10^{0.4771}$

ゆえに　$2<10^{0.313}<3$

したがって　$2\times10^{14}<10^{0.313}\times10^{14}<3\times10^{14}$

より　$2\times10^{14}<3^{30}<3\times10^{14}$

以上から，3^{30} の最高位の数字は 2 であることがわかる。

B

□ **402** $\log_{10}2=0.3010$, $\log_{10}3=0.4771$ として，次の問いに答えよ。 ㊙p.172 演習 1

*(1) 3^{100} の最高位の数字を求めよ。

(2) 0.8^{15} の小数点以下にはじめて現れる 0 以外の数字を求めよ。

《章末問題》

□ **403** 次の関数のグラフをかけ。

(1) $y=2^{x-1}$　　(2) $y=-2^{x+1}+3$　　(3) $y=\log_{\frac{1}{2}}(-x)$

□ **404** 方程式 $3(9^x+9^{-x})-13(3^x+3^{-x})+16=0$ を解け。

□ **405** a を定数とする。x についての方程式

$$4^x-2^{x+2}+2a-6=0$$

が異なる 2 つの実数解をもつような a の値の範囲を求めよ。

□ **406** 次の方程式を解け。

(1) $x^{2\log_3 x}=\dfrac{x^5}{27}$　　(2) $\log_x 2+\log_{x^2} 4=8$

□ **407** 次の不等式を解け。ただし，$a>0$，$a\neq1$ とする。

(1) $\log_2(\log_2 x)>0$　　(2) $a^{2x+1}-a^{x+2}-a^x+a>0$

□ **408** $\log_3 x+\log_3 y=1$ のとき，x^2+y^2 の最小値を求めよ。

□ **409** $x>0$，$y>0$，$x+2y=8$ のとき，$\log_{10}x+\log_{10}y$ のとる値の範囲を求めよ。

□ **410** 次の連立方程式を解け。

(1) $\begin{cases}2^x-3^y=1\\2^x\cdot3^{y+1}=36\end{cases}$　　(2) $\begin{cases}xy^2=9\\\log_3 x+(\log_3 y)^2=1\end{cases}$

□ **411** a，b は自然数とする。a^2 が 9 桁，ab^2 が 20 桁の整数であるとき，a，b はそれぞれ何桁の整数か。

□ **412** 不等式 $(\log_x y)^2-2\log_x y>0$ の表す領域を図示せよ。

□ **413** 次の問いに答えよ。

(1) $\dfrac{3}{10}<\log_{10}2<\dfrac{4}{13}$ であることを示せ。ただし，$2^{10}=1024$，$2^{13}=8192$ であることを用いてよい。

(2) $\log_{10}2$ の小数第 1 位の数が 3 であることを示せ。

□ **414** $\dfrac{1}{10}$ の確率で当たりくじが出るくじがある。このくじを n 回引いたとき，少なくとも1回は当たりくじを引く確率を p とする。各回で当たりくじを引く確率は変わらないものとして，次の問いに答えよ。 (2017 龍谷大 改)

(1) p を n の式で表せ。

(2) $p>0.99$ となる整数 n の最小値を求めよ。ただし，$\log_{10}3=0.477$ とする。

□ **415** 次の ア ～ エ に当てはまるものを，下の⓪～③のうちから1つずつ選べ。ただし，同じものを繰り返し選んでもよい。 (2016 センター試験)

$y=2^x$ のグラフと $y=\left(\dfrac{1}{2}\right)^x$ のグラフは ア である。

$y=2^x$ のグラフと $y=\log_2 x$ のグラフは イ である。

$y=\log_2 x$ のグラフと $y=\log_{\frac{1}{2}} x$ のグラフは ウ である。

$y=\log_{\frac{1}{2}} x$ のグラフと $y=\log_2 \dfrac{1}{x}$ のグラフは エ である。

⓪ 同一のもの　① x 軸に関して対称

② y 軸に関して対称　③ 直線 $y=x$ に関して対称

□ **416** 実数 x，y は $3^{1+\log_{10}x}-5^y=1$ を満たす。$z=3^{\log_{10}x}$ とおくとき，次の問いに答えよ。

(1) z の取りうる値の範囲を求めよ。 (2008 センター試験 改)

(2) $K=\dfrac{5^y}{3}+3^{-\log_{10}x}$ を z の式で表せ。

(3) (2)の K の最小値を求めよ。また，そのときの x，y の値を求めよ。

Prominence

□ **417** 次の答案は，教子さんが方程式 $\log_4(3x-1)^2=2\log_4(x+5)$ を解いたものである。この答案に誤りはあるだろうか。誤りがある場合はその箇所を指摘し，正しい解を求めよ。

答案　真数は正であるから　$(3x-1)^2>0$，$x+5>0$

すなわち　$-5<x<\dfrac{1}{3}$，$\dfrac{1}{3}<x$　……①

$\log_4(3x-1)^2=2\log_4(3x-1)$ より　$2\log_4(3x-1)=2\log_4(x+5)$

$\log_4(3x-1)=\log_4(x+5)$ であるから　$3x-1=x+5$

よって　$x=3$　　これは①を満たす。

4 章末問題

5章 微分法と積分法

1節 微分係数と導関数

1 平均変化率と微分係数

㊔p.176～179

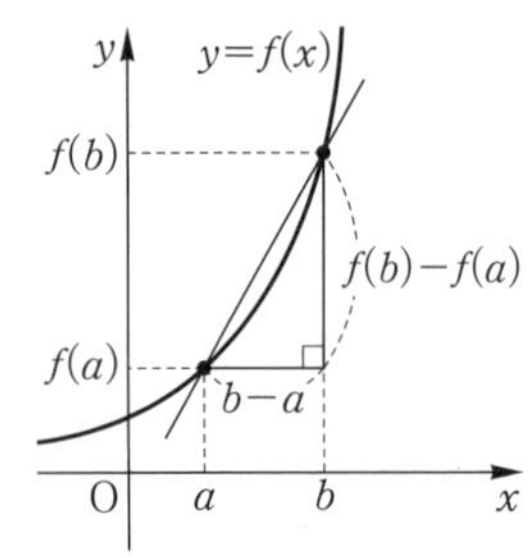

1 **平均の速さと平均変化率**　2 **瞬間の速さ**

関数 $y=f(x)$ において，

x の値が a から b まで変化するときの平均変化率は

$$\frac{y\text{の変化量}}{x\text{の変化量}}=\frac{f(b)-f(a)}{b-a}$$

3 **極限値**

関数 $f(x)$ において，x が a と異なる値をとりながら限りなく a に近づくとき，$f(x)$ が一定の値 α に限りなく近づくことを

$\lim_{x\to a}f(x)=\alpha$　または　$x\to a$ のとき $f(x)\to\alpha$　とかく。

4 **微分係数**

関数 $f(x)$ の $x=a$ における微分係数 $f'(a)$ は

$$f'(a)=\lim_{h\to 0}\frac{f(a+h)-f(a)}{h}=\lim_{b\to a}\frac{f(b)-f(a)}{b-a}$$　（ただし，$h=b-a$）

A

□ **418** 次の平均変化率を求めよ。　㊔p.176 練習 1

(1) 関数 $f(x)=2x+1$ における $x=1$ から $x=5$ までの平均変化率

*(2) 関数 $f(x)=x^2+2x$ における $x=-2$ から $x=3$ までの平均変化率

(3) 関数 $f(x)=-3x+2$ における $x=a$ から $x=a+h$ までの平均変化率

(4) 関数 $f(x)=x^3$ における $x=a$ から $x=b$ までの平均変化率

□ **419** 次の極限値を求めよ。　㊔p.178 練習 2

(1) $\lim_{x\to -2}(x^2+x)$　　*(2) $\lim_{h\to 0}(4-5h+h^2)$

□ **420** 次の極限値を求めよ。　㊔p.178 練習 3

*(1) $\lim_{h\to 0}\frac{3h-2h^2}{h}$　　(2) $\lim_{h\to 0}\frac{(3+h)^2-2(3+h)-3}{h}$

(3) $\lim_{x\to -1}\frac{x^2-1}{x+1}$　　*(4) $\lim_{x\to 3}\frac{x^2-7x+12}{x-3}$

□ **421** 高いところからボールを落としたとき，落ち始めてから x 秒後までに落ちた距離を y m とすると，$y=4.9x^2$ という関係があることがわかっている。落ち始めてから 4 秒後の瞬間の速さを求めよ。 ㊙p.178 練習 4

□ **422** 次の関数 $f(x)$ について，$x=1$ における微分係数 $f'(1)$ を，定義に従って求めよ。

*(1) $f(x)=x^2-2x+1$　　(2) $f(x)=2x^3+x$ ㊙p.179 練習 5

B

□ **423** 関数 $f(x)=ax+b$ について，$\lim_{x \to 2} f(x)=1$，$\lim_{x \to 3} f(x)=4$ が成り立つとき，定数 a，b の値を求めよ。 (㊙p.178 練習 2)

□ **424** 次の極限値を求めよ。 (㊙p.178 練習 3)

(1) $\lim_{x \to 1} \dfrac{x^3-1}{x-1}$　　*(2) $\lim_{x \to -1} \dfrac{x^3+2x^2-2x-3}{x+1}$

*(3) $\lim_{x \to 2} \dfrac{x-2}{x^2-4}$　　(4) $\lim_{x \to a} \dfrac{2x^2+ax-3a^2}{x-a}$

□ *__425__ 関数 $f(x)=x^2+ax+b$ について，x の値が $x=1$ から $x=3$ まで変化するときの平均変化率が 6 であり，$\lim_{x \to 2} f(x)=5$ であるとき，定数 a，b の値を求めよ。

(㊙p.176～178)

□ **426** 関数 $f(x)=x^2+x$ における $x=a$ から $x=a+2$ まで変化するときの平均変化率を m とする。このとき，次の問いに答えよ。 (㊙p.176～179)

(1) m を a の式で表せ。

(2) m が $x=2$ における微分係数 $f'(2)$ と等しいとき，定数 a の値を求めよ。

□ **427** 関数 $f(x)=x^3+2$ について，$x=1$ における微分係数 $f'(1)$ を，次の 2 通りの定義にしたがって求めよ。 (㊙p.178～179)

(1) $f'(a)=\lim_{h \to 0} \dfrac{f(a+h)-f(a)}{h}$ を用いる方法

(2) $f'(a)=\lim_{b \to a} \dfrac{f(b)-f(a)}{b-a}$ を用いる方法

2 導関数

教p.180〜185

1 導関数

関数 $f(x)$ の導関数　$f'(x)=\lim_{h\to 0}\frac{f(x+h)-f(x)}{h}$

2 x^n の導関数

n が自然数のとき，関数 $y=x^n$ の導関数は　$y'=nx^{n-1}$

定数関数 $y=c$ の導関数は　$y'=0$

3 導関数の計算

導関数の性質

(1)　$y=kf(x)$ ならば　　$y'=kf'(x)$　（ただし，k は定数）

(2)　$y=f(x)+g(x)$ ならば　$y'=f'(x)+g'(x)$

(3)　$y=f(x)-g(x)$ ならば　$y'=f'(x)-g'(x)$

4 微分係数の計算

関数 $f(x)$ の $x=a$ における微分係数 $f'(a)$ を求めるには，導関数 $f'(x)$ に $x=a$ を代入すればよい。

5 いろいろな変数についての微分法

関数 $f(x)$ の導関数 $f'(x)$ は，x の増分を Δx，y の増分を Δy とすると　$f'(x)=\lim_{\Delta x\to 0}\frac{\Delta y}{\Delta x}$

関数 $y=f(x)$ の導関数を表す記号には，y'，$f'(x)$，$\frac{dy}{dx}$，$\frac{d}{dx}f(x)$ などがある。

A

□ **428**　導関数の定義にしたがって，次の関数を微分せよ。　教p.181 練習 6

(1)　$f(x)=3x-1$　　*(2)　$f(x)=-3x^2$

(3)　$f(x)=2x^3-x+1$　　(4)　$f(x)=9$

□ ***429**　次の関数を微分せよ。　教p.182 練習 7

(1)　$y=x^6$　　(2)　$y=x^8$

□ **430**　次の関数を微分せよ。　教p.184 練習 8

*(1)　$y=2x^2+3x-8$　　(2)　$y=-x^2-5x+2$

(3)　$y=3x^3-4x^2+2x-1$　　(4)　$y=(3x-2)^2$

(5)　$y=(3-2x)(2+x)$　　*(6)　$y=x(x-2)(x+2)$

*(7)　$y=(x-3)^3$　　(8)　$y=x^2(x^2+2)$

□ **431**　関数 $f(x)=-x^3+3x^2+4$ について，次の微分係数を求めよ。　教p.184 練習 9

*(1)　$f'(0)$　　(2)　$f'(3)$　　*(3)　$f'(-1)$

□*432 関数 $f(x)=x^3+ax^2+3x-4$ について，$f'(1)=2$ となるような定数 a の値を求めよ。

教p.184 練習 10

□ 433 次の関数を［ ］内の文字について微分せよ。ただし，θ，a は定数とする。

教p.185 練習 11

*(1) $y=5t^2-3t+2$ ［t］　(2) $S=\dfrac{1}{2}r^2\theta$ ［r］　*(3) $z=y^2+ay+a^2$ ［y］

B

□ 434 関数 $f(x)=ax^2+bx+8$ について，$f(2)=0$，$f'(0)=2$ となるような定数 a，b の値を求めよ。

(教p.184 練習 10)

□*435 関数 $f(x)=x^2-3x$ において，$x=-1$ から $x=3$ まで変化するときの平均変化率と，$x=a$ における微分係数 $f'(a)$ が等しくなるような定数 a の値を求めよ。

(教p.184 練習 10)

□ 436 次の条件を満たす3次関数 $f(x)$ を求めよ。

(教p.184 練習 10)

$$f(0)=-2,\quad f(1)=0,\quad f'(0)=3,\quad f'(1)=3$$

C

例題 29

等式 $f(x)=(2x+1)f'(x)-3x^2+5$ を満たす2次関数 $f(x)$ を求めよ。

〈考え方〉 $f(x)=ax^2+bx+c$ $(a\neq0)$ とおいて，$f(x)$ の係数を比較する。

解答 $f(x)=ax^2+bx+c$ $(a\neq0)$ とおくと　$f'(x)=2ax+b$

これらを条件の等式に代入して整理すると

$$ax^2+bx+c=(2x+1)(2ax+b)-3x^2+5$$
$$=(4a-3)x^2+(2a+2b)x+b+5$$

これは x についての恒等式であるから，係数を比較して

$$a=4a-3,\quad b=2a+2b,\quad c=b+5$$

これを解いて　$a=1$，$b=-2$，$c=3$　（これは $a\neq0$ を満たす）

よって　$\boldsymbol{f(x)=x^2-2x+3}$　答

□ 437 次の条件を満たす関数 $f(x)$ を求めよ。

(1) 等式 $f(x)=2(x+1)f'(x)+3x^2+x-2$ を満たす2次関数 $f(x)$

(2) 等式 $f(x)+xf'(x)=3x^2+2x+1$ を満たす2次関数 $f(x)$

(3) 等式 $f(x)=-xf'(x)-4x^3+6x^2-8$ を満たす3次関数 $f(x)$

3 接線の方程式

㊝p.186～188

1 **微分係数の図形的意味**

関数 $f(x)$ の $x=a$ における微分係数 $f'(a)$ は，
曲線 $y=f(x)$ 上の点 $(a,\ f(a))$ における接線の傾きを表す。

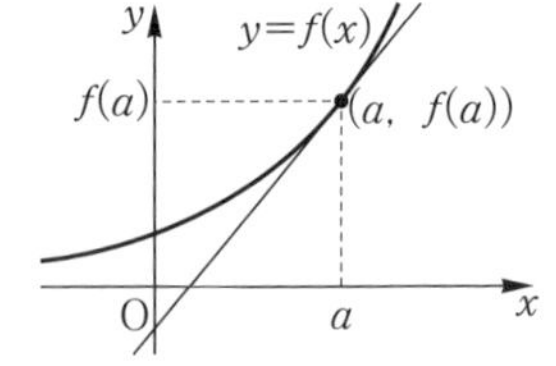

2 **接線の方程式**

曲線 $y=f(x)$ 上の点 $(a,\ f(a))$ における接線の方程式は

$$y-f(a)=f'(a)(x-a)$$

A

□ **438** 曲線 $y=x^2+2x$ 上の次の点における接線の傾きを求めよ。 ㊝p.186 練習 12

*(1) 点 $(1,\ 3)$　(2) 点 $(-1,\ -1)$　*(3) 点 $(0,\ 0)$

□ **439** 次の曲線上の与えられた点における接線の方程式を求めよ。 ㊝p.187 練習 13

*(1) $y=x^2-5x+6$，点 $(2,\ 0)$　(2) $y=-x^2+x$，点 $(-1,\ -2)$

*(3) $y=x^3+1$，点 $(1,\ 2)$

□ **440** 曲線 $y=-x^2+3x+1$ 上の点 $\mathrm{A}(1,\ 3)$ における接線を l，点 $\mathrm{B}(3,\ 1)$ における接線を m とする。2 直線 l，m の交点の座標を求めよ。 ㊝p.187 練習 13

□ ***441** 曲線 $y=-2x^2+4x+3$ の接線で，傾きが 4 であるものの方程式を求めよ。
㊝p.188 練習 14

□ **442** 次の曲線の接線で，与えられた点を通るものの方程式を求めよ。 ㊝p.188 練習 15

*(1) $y=x^2-4x$，点 $(3,\ -7)$　(2) $y=-2x^2+4x+1$，点 $(3,\ -3)$

B

□ **443** 曲線 $y=ax^2+bx$ は点 $(1,\ -5)$ を通り，この点における接線の傾きが -4 である。定数 a，b の値を求めよ。 (㊝p.186 練習 12)

□ **444** 曲線 $y=x^2-2x$ の接線で，次の条件を満たすものの方程式を求めよ。

(1) 原点で接する　(2) 傾きが -4　*(3) x 軸に平行 (㊝p.188 練習 14)

C

□ **445** 2 つの放物線 $y=x^2-3x+2$ と $y=ax^2+bx$ はともに点 $(1,\ 0)$ を通り，この点におけるそれぞれの接線が垂直に交わる。このとき，定数 a，b の値を求めよ。

例題 30

2 曲線 $y=x^2-2x$ と $y=x^2+6x$ は同じ接線をもつ。その接線の方程式を求めよ。

〈考え方〉 曲線上の接点をそれぞれ $\mathrm{A}(a,\ a^2-2a)$，$\mathrm{B}(b,\ b^2+6b)$ とおき，それぞれの接線の方程式を求める。それらが一致すると考え，係数を比較する。

解答 曲線 $y=x^2-2x$ について，$y'=2x-2$ であるから

曲線上の点 $\mathrm{A}(a,\ a^2-2a)$ における接線の方程式は

$$y-(a^2-2a)=(2a-2)(x-a)$$

すなわち　$y=(2a-2)x-a^2$　……①

また，曲線 $y=x^2+6x$ について，$y'=2x+6$ であるから

曲線上の点 $\mathrm{B}(b,\ b^2+6b)$ における接線の方程式は

$$y-(b^2+6b)=(2b+6)(x-b)$$

すなわち　$y=(2b+6)x-b^2$　……②

①，②が一致すればよいから，係数を比較して

$2a-2=2b+6$　……③，　$-a^2=-b^2$　……④

③より　$a=b+4$

これを④に代入して　$-(b+4)^2=-b^2$

これを解くと　$b=-2$

②より，求める接線の方程式は　$\boldsymbol{y=2x-4}$　答

□ **446** 次の 2 曲線は同じ接線をもつ。その接線の方程式を求めよ。

(1) $y=x^2+3x+2$，$y=x^2-3x+5$　　(2) $y=x^2-2x+8$，$y=-x^2+6x-8$

研究 $(ax+b)^n$ の導関数　㊖p.190

$\{(ax+b)^n\}'=na(ax+b)^{n-1}$　（n は自然数）

B

□ **447** 次の関数を微分せよ。　㊖p.190 演習 1

*(1) $y=(x-9)^2$　　(2) $y=(3x+8)^2$

(3) $y=(5x+3)^3$　　*(4) $y=(5-3x)^4$

2節　微分法の応用

1　関数の増減と極大・極小

教 p.191〜197

1　関数の値の増加・減少

関数 $f(x)$ が増加 $\iff$ $y=f(x)$ のグラフが右上がり

関数 $f(x)$ が減少 $\iff$ $y=f(x)$ のグラフが右下がり

2　導関数の符号と関数の増加・減少

関数 $f(x)$ がある区間で

つねに $f'(x)>0$ ならば，その区間で $f(x)$ は増加する。

つねに $f'(x)<0$ ならば，その区間で $f(x)$ は減少する。

つねに $f'(x)=0$ ならば，その区間で $f(x)$ は定数関数である。

3　関数の極大・極小

関数 $f(x)$ において，$f'(a)=0$ であり，$x=a$ の前後で

$f'(x)$ の符号が 正から負 に変わるとき，$f(x)$ は $x=a$ で極大値 $f(a)$ をとる。

$f'(x)$ の符号が 負から正 に変わるとき，$f(x)$ は $x=a$ で極小値 $f(a)$ をとる。

（注意）　$f'(a)=0$ であっても $x=a$ で極値をとるとは限らない。

A

□ **448**　次の関数の増減を調べよ。　教 p.193 練習 1

(1)　$f(x)=x^3-3x^2-24x$　　*(2)　$f(x)=2x^3-3x^2-12x+9$

(3)　$f(x)=3x^3-9x-2$　　(4)　$f(x)=-x^3+4x^2+1$

□ **449**　次の関数の極値を求め，そのグラフをかけ。　教 p.195 練習 2

(1)　$y=x^3-3x^2-9x+5$　　*(2)　$y=-x^3+3x^2-4$

□ **450**　次の関数の増減を調べよ。　教 p.196 練習 3

*(1)　$f(x)=\frac{1}{3}x^3-x^2+x$　　(2)　$f(x)=-x^3+2x^2-4x+2$

□* **451**　関数 $f(x)=x^3+ax^2+bx-7$ が $x=1$ で極小値 -12 をとるように定数 a, b の値を定め，極大値を求めよ。　教 p.197 練習 4

□ **452**　関数 $f(x)=x^3+ax$ が $x=-2$ で極値をとるように定数 a の値を定めよ。

（教 p.197 練習 4）

B

□ **453** 次の関数は極値をもたないことを示せ。 (教p.196 練習 3)

*(1) $f(x)=x^3+2x+1$　　(2) $f(x)=-2x^3+6x^2-6x+3$

□ **454** 関数 $f(x)=x^3+ax^2+bx+4$ が $x=-2$ で極大値，$x=2$ で極小値をとるように定数 a，b の値を定め，極値を求めよ。 (教p.197 練習 4)

□ **455** 関数 $f(x)=x^3+ax^2+bx+c$ が $x=1$ で極小値 6 をとり，$x=-1$ で極大値をとるように定数 a，b，c の値を定め，極大値を求めよ。 (教p.197 練習 4)

C

例題 31

関数 $f(x)=x^3+2ax^2+4ax-2$ が極値をもつとき，定数 a の値の範囲を求めよ。

〈考え方〉 関数 $f(x)$ が $x=\alpha$ で極値をとるとき，$x=\alpha$ の前後で $f'(x)$ の符号が変わる。

解答 $f(x)=x^3+2ax^2+4ax-2$ より

$f'(x)=3x^2+4ax+4a$

$f(x)$ が極値をもつ条件は，2 次方程式 $f'(x)=0$

すなわち　$3x^2+4ax+4a=0$ ……①

が異なる 2 つの実数解をもつことである。

①が重解をもつ，または異なる 2 つの虚数解をもつとき，つねに $f'(x)\geqq 0$ となり，極値をもたない。

2 次方程式①の判別式を D とすると　$\dfrac{D}{4}=(2a)^2-3\cdot 4a=4a^2-12a$

$D>0$ であればよいから $4a^2-12a>0$　すなわち $4a(a-3)>0$

これを解いて　$\boldsymbol{a<0,\ 3<a}$ 答

□ **456** 次の条件を満たすような，定数 a の値の範囲を求めよ。

(1) 関数 $f(x)=x^3+ax^2+\left(a+\dfrac{4}{3}\right)x+1$ が極値をもつ。

(2) 関数 $f(x)=x^3-2ax^2+4ax+3$ が極値をもたない。

□ **457** 関数 $f(x)=\dfrac{1}{3}x^3+3x^2+ax+4$ がつねに増加するような，定数 a の値の範囲を求めよ。

□ **458** 3 次関数 $f(x)=ax^3+6x^2+3ax+2$ について，次の条件を満たす a の値の範囲を求めよ。

(1) つねに増加する　　(2) つねに減少する

(3) 極値をもたない　　(4) 極値をもつ

2 導関数のいろいろな応用 ㊫p.198〜202

1 関数の最大・最小

関数 $f(x)$ の区間 $a \leqq x \leqq b$ における最大値・最小値は，増減や極値，両端における関数の値 $f(a)$，$f(b)$ を調べて求める。

文章題においては，適当な変数を x とおき，求めるものを y として，y を x の関数で表し，最大値や最小値を求める。このとき，x のとりうる値の範囲に注意する。

A

□ **459** 次の関数の（　）内の区間における最大値，最小値を求めよ。 ㊫p.198 練習 5

(1) $f(x)=-x^3+6x^2-8$ 　$(-1 \leqq x \leqq 5)$

*(2) $f(x)=2x^3-6x-3$ 　$(-2 \leqq x \leqq 3)$

(3) $f(x)=2x^3+5x^2-4x-7$ 　$(-3<x<0)$

B

□ ***460** 縦と横の比が 1：2 であり，縦と横と高さの和が 18 cm の直方体で，体積を最大にするには，縦の長さをいくらにすればよいか。また，この直方体の体積の最大値を求めよ。 ㊫p.199 練習 6

□ ***461** 関数 $f(x)=x^3-9x^2+15x+a$ の区間 $-1 \leqq x \leqq 2$ における最大値が 3 であるとき，次の問いに答えよ。 (㊫p.198 練習 5)

(1) 定数 a の値を求めよ。

(2) この区間における最小値を求めよ。

□ **462** 縦と横の和が 15 cm の長方形の厚紙を丸めて円筒をつくり，これを側面とした円柱を作る。この円柱の体積を最大にするには，丸める辺の長さをいくらにすればよいか。 (㊫p.199 練習 6)

C

□ **463** $x+2y=3$，$x \geqq 0$，$y \geqq 0$ のとき，xy^2 の最大値，最小値を求めよ。また，そのときの x，y の値を求めよ。

□ **464** 関数 $f(x)=ax^3+3ax^2-6$ の $0 \leqq x \leqq 2$ における最小値が -26 になるような定数 a の値を求めよ。

□ **465** $a>0$ とする。関数 $f(x)=x^3-6x^2+9x$ の $0 \leqq x \leqq a$ における最大値を求めよ。

例題 32

関数 $f(x)=x^3-3ax$ $(0 \leqq x \leqq 1)$ の最小値を求めよ。

〈考え方〉 極値をとる x の値が定義域の中にあるかどうかに着目して場合分けをする。

解答 $f(x)=x^3-3ax$ より　$f'(x)=3x^2-3a=3(x^2-a)$

$a \leqq 0$ のとき

$f'(x) \geqq 0$ より $f(x)$ はつねに増加する。

よって　$x=0$ で 最小値 0 をとる。

$a>0$ のとき

$f'(x)=0$ とすると　$x=\pm\sqrt{a}$

(i) $0<\sqrt{a}<1$ すなわち $0<a<1$ のとき

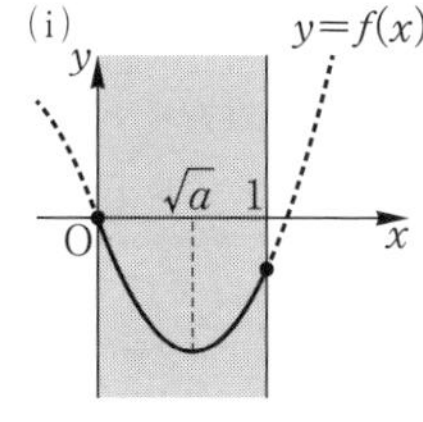

増減表は次のようになる。

x	0	$\cdots$	$\sqrt{a}$	$\cdots$	1
$f'(x)$		$-$	0	$+$	
$f(x)$	0	↘	極小 $-2a\sqrt{a}$	↗	$1-3a$

よって　$x=\sqrt{a}$ で 最小値 $-2a\sqrt{a}$ をとる。

(ii) $\sqrt{a} \geqq 1$ すなわち $a \geqq 1$ のとき

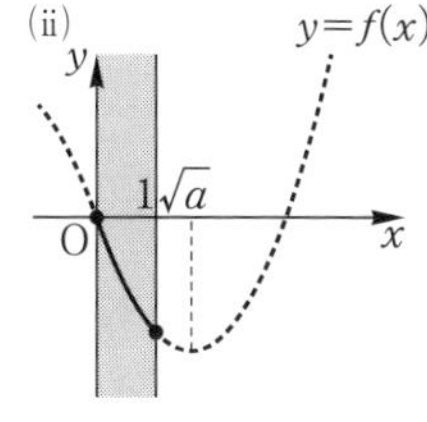

$0 \leqq x \leqq 1$ で $f'(x) \leqq 0$ より，$f(x)$ はつねに減少する。

よって　$x=1$ で 最小値 $1-3a$ をとる。

以上より　$\boldsymbol{a \leqq 0}$　のとき　$x=0$　で 最小値 **0**

$\boldsymbol{0<a<1}$ のとき　$x=\sqrt{a}$ で 最小値 $\boldsymbol{-2a\sqrt{a}}$

$\boldsymbol{a \geqq 1}$　のとき　$x=1$　で 最小値 $\boldsymbol{1-3a}$　答

□ **466** 関数 $f(x)=x^3-3ax$ $(0 \leqq x \leqq 1)$ の最大値を求めよ。

□ **467** 底面の半径が 3，高さが 12 である円錐に，右の図のように底面を共有して内接する円柱を考える。

次の問いに答えよ。

(1) この円柱の底面の半径を r とするとき，円柱の高さ h を r で表せ。

(2) この円柱の体積 V の最大値を求めよ。

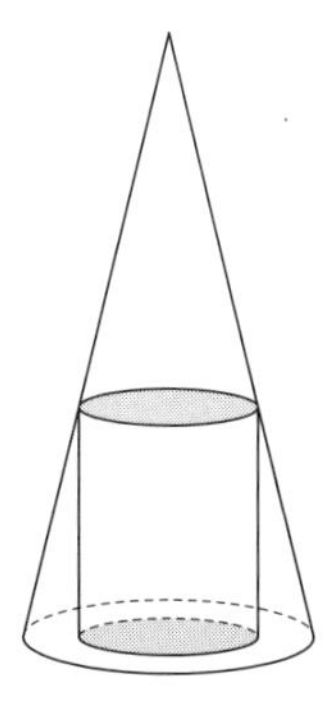

2 **方程式の実数解の個数**

・方程式 $f(x)=0$ の実数解は，関数 $y=f(x)$ のグラフと x 軸との共有点の x 座標

・方程式 $f(x)=a$（a は定数）の異なる実数解の個数は，関数 $y=f(x)$ のグラフと直線 $y=a$ との共有点の個数に一致する。

3 **不等式の証明**

不等式 $P(x) \geqq Q(x)$ を証明するには，$f(x)=P(x)-Q(x)$ とおいて，$f(x)$ の最小値が 0 以上であることを示せばよい。最小値が 0 のときに，等号が成立する。

A

□ **468** 次の方程式の異なる実数解の個数を調べよ。 教p.200 練習 7

*(1) $x^3-3x-2=0$

(2) $2x^3+3x^2-12x-5=0$

(3) $-3x^3+3x^2-x-2=0$

□ ***469** 3 次方程式 $x^3-2x^2+4x+2=0$ がただ 1 つの実数解をもつことを示せ。

教p.200 練習 8

B

□ ***470** 3 次方程式 $x^3-4x^2-3x-a=0$ が，異なる 3 個の実数解をもつとき，定数 a の値の範囲を求めよ。 教p.201 練習 9

□ **471** 次の不等式が成り立つことを証明せよ。
また，等号が成り立つときの x の値を求めよ。 教p.202 練習 10

*(1) $x \geqq 0$ のとき　$x^3+x^2+8 \geqq 4x^2+4$

(2) $x \geqq 1$ のとき　$x^3-2 \geqq 2x^2-3x$

□ **472** 3 次方程式 $2x^3+3x^2+1-a=0$ の異なる実数解の個数は，定数 a の値によってどのように変わるか調べよ。 (教p.201 問 1，練習 9)

□ ***473** 3 次方程式 $x^3-3x-a=0$ が，1 個の負の解と異なる 2 個の正の解をもつとき，定数 a の値の範囲を求めよ。 (教p.201)

□ **474** $x \geqq 0$ のとき，不等式 $x^3-3a^2x+16 \geqq 0$ がつねに成り立つような正の定数 a の値の範囲を求めよ。 (教p.202)

研究 4次関数のグラフ

教 p.203

B

□ **475** 次の関数の極値を求め，そのグラフをかけ。 教 p.203 演習 1

(1) $y=\frac{1}{4}x^4+x^3-2x^2+4$ *(2) $y=-x^4+8x^2-8$ *(3) $y=\frac{3}{4}x^4-2x^3$

C

□ **476** 次の関数の（ ）内の区間における最大値，最小値を求めよ。

(1) $y=x^4-5x^2+2$ $(-1 \leqq x \leqq 3)$

(2) $y=x^4-16x^3+40x^2+2$ $(0 \leqq x \leqq 2)$

□ **477** 4次方程式 $x^4-6x^2-8x-a=0$ が実数解をもつような定数 a の値の範囲を求めよ。

□ **478** 不等式 $3x^4-4x^3+3x^2-6x+4 \geqq 0$ が成り立つことを証明せよ。また，等号が成り立つときの x の値を求めよ。

例題 33

関数 $f(x)=x^4+ax^3+2x^2$ が極大値と極小値の両方をもつような定数 a の値の範囲を求めよ。

〈考え方〉 $f'(x)=0$ かつその前後で $f'(x)$ の符号が変わるような x が2個以上あればよい。$f(x)$ が4次関数のとき $f'(x)$ は3次関数であるから，方程式 $f'(x)=0$ が異なる3つの実数解をもつ場合を考えればよい。

解答 $f(x)=x^4+ax^3+2x^2$ より $f'(x)=4x^3+3ax^2+4x=x(4x^2+3ax+4)$

4次関数 $f(x)$ が極大値と極小値の両方をもつには，

3次方程式 $x(4x^2+3ax+4)=0$

が異なる3つの実数解をもてばよい。

解の1つである $x=0$ は $4x^2+3ax+4=0$ を満たさないので，

2次方程式 $4x^2+3ax+4=0$ が異なる2つの実数解をもてばよい。

この2次方程式の判別式を D とすると

$$D=(3a)^2-4\cdot4\cdot4=9a^2-64$$

$D>0$ であればよいから $\boldsymbol{a<-\frac{8}{3},\ \frac{8}{3}<a}$ 答

□ **479** 関数 $f(x)=3x^4-4ax^3+6(a+3)x^2$ が極大値と極小値の両方をもつような定数 a の値の範囲を求めよ。

3節　積分法

1　不定積分

教p.205〜208

1　不定積分

微分すると $f(x)$ になる関数，すなわち $F'(x)=f(x)$ となる関数 $F(x)$

$F'(x)=f(x)$ のとき $\int f(x)dx=F(x)+C$ （C は積分定数）

x^n の不定積分 $\int x^n dx=\frac{1}{n+1}x^{n+1}+C$ （n は 0 または正の整数）

2　不定積分の計算

(1) $\int kf(x)dx=k\int f(x)dx$ （k は定数）

(2) $\int\{f(x)+g(x)\}dx=\int f(x)dx+\int g(x)dx$　(3) $\int\{f(x)-g(x)\}dx=\int f(x)dx-\int g(x)dx$

A

□ **480**　次の不定積分を求めよ。　教p.206 練習 1

(1) $\int x^4 dx$　*(2) $\int x^6 dx$　(3) $\int x^7 dx$

□ **481**　次の不定積分を求めよ。　教p.207 練習 2

(1) $\int(6x-4)dx$　(2) $\int(3x^2+6x+4)dx$

(3) $\int(-5)dx$　*(4) $\int(4x^3-4x-1)dx$

(5) $\int(-2x^3-3x^2+2x+1)dx$　(6) $\int(x^4-x^3+x^2-x)dx$

□ **482**　次の不定積分を求めよ。　教p.208 練習 3

(1) $\int(x+2)(x-3)dx$　(2) $\int(x+3)(x-3)dx$

(3) $\int(3x+2)^2 dx$　*(4) $\int(2x+1)(3x-4)dx$

*(5) $\int(t+2)^3 dt$　(6) $\int(t+1)(t+2)(t-1)dt$

□ **483**　次の 2 つの条件を満たす関数 $f(x)$ を求めよ。　教p.208 練習 4

(1) $f'(x)=6x-2$，$f(0)=1$　*(2) $f'(x)=-x^2+4x+1$，$f(3)=1$

□ **484**　点 $(2,\ 1)$ を通る曲線 $y=f(x)$ がある。この曲線上の任意の点 $(x,\ y)$ における接線の傾きが $-3x^2+4x+2$ であるとき，$f(x)$ を求めよ。　教p.208 問 1

B

□ **485** 次の不定積分を求めよ。 (教p.207)

*(1) $\int(2x^2+5x+3)dx+\int(x^2-5x-2)dx$

(2) $\int(x+1)^2dx-\int(x-1)^2dx$

*(3) $\int(x^3+2x^2+2x-3)dx-\int x(x+1)^2dx$

□ **486** 関数 $f(x)$ が次の条件を満たすとき，定数 a の値と関数 $f(x)$ を求めよ。

*(1) $2x+a$ の不定積分の 1 つで，$f(0)=1$，$f(1)=0$ (教p.208 練習 4)

(2) $3x^2-2ax+1$ の不定積分の 1 つで，$f(1)=3$，$f(-2)=6$

C

例題 34

次の 2 つの条件(i)，(ii)を満たす関数 $f(x)$ を求めよ。

(i) $f'(x)=(3x+4)(2-x)$　　(ii) 極大値 0 をとる

〈考え方〉 導関数 $f'(x)$ を用いて，関数 $f(x)$ の増減を調べる。

$f'(x)=0$ とすると，条件(i)から，$(3x+4)(2-x)=0$ より　$x=-\frac{4}{3}$，2

よって，関数 $f(x)$ の増加・減少は，次の増減表のようになる。

x	…	$-\frac{4}{3}$	…	2	…
$f'(x)$	−	0	+	0	−
$f(x)$	↘	極小	↗	極大	↘

増減表では $x=2$ で極大となることを確認すればよく，極値を求める必要はない。

ゆえに，$x=2$ のとき $f(x)$ は極大となる。

また　$f(x)=\int f'(x)dx=\int(3x+4)(2-x)dx$

$=\int(-3x^2+2x+8)dx=-x^3+x^2+8x+C$

条件(ii)より，極大値は 0 であるから　$f(2)=0$

$-2^3+2^2+8\cdot2+C=0$

すなわち　$C=-12$

したがって　$\boldsymbol{f(x)=-x^3+x^2+8x-12}$ 答

□ **487** 次の 2 つの条件(i)，(ii)を満たす関数 $f(x)$ を求めよ。

(i) $f'(x)=(3x+5)(x-1)$　　(ii) 極小値 1 をとる

2 定積分

㊖ p.209～213

1 定積分

$f(x)$ の不定積分の 1 つを $F(x)$ とすると

$$\int_a^b f(x)dx=\Big[F(x)\Big]_a^b=F(b)-F(a)$$

<u>定積分の性質</u>

(1) $\int_a^b kf(x)dx=k\int_a^b f(x)dx$ （k は定数）

(2) $\int_a^b \{f(x)+g(x)\}dx=\int_a^b f(x)dx+\int_a^b g(x)dx$

(3) $\int_a^b \{f(x)-g(x)\}dx=\int_a^b f(x)dx-\int_a^b g(x)dx$

(4) $\int_a^a f(x)dx=0$

(5) $\int_b^a f(x)dx=-\int_a^b f(x)dx$

(6) $\int_a^b f(x)dx=\int_a^c f(x)dx+\int_c^b f(x)dx$

2 微分と積分の関係

$\dfrac{d}{dx}\int_a^x f(t)dt=f(x)$ （a は定数）

A

□ **488** 次の定積分を求めよ。 ㊖p.210 練習 5，6

(1) $\int_{-1}^2 x\,dx$　(2) $\int_{-1}^4 (-2)dx$　(3) $\int_{-3}^3 x^2dx$

(4) $\int_{-2}^1 \left(\dfrac{1}{2}x+3\right)dx$　*(5) $\int_0^3 (3x^2-6x+2)dx$

*(6) $\int_{-1}^1 (-x^2+2x)dx$　(7) $\int_{-2}^2 (2t^3-5t^2-3t)dt$

□ **489** 次の定積分を求めよ。 ㊖p.210 練習 5，6

*(1) $\int_{-1}^2 (x+2)(x-2)dx$　(2) $\int_{-2}^4 (2x+1)^2dx$

(3) $\int_{-2}^4 (x+2)(x-4)dx$　(4) $\int_{-1}^0 (t-2)^3dt$

□ **490** 次の定積分を求めよ。 ㊖p.211 練習 7

*(1) $\int_1^3 (x^2-2x+3)dx+\int_1^3 (2x^2-4x-3)dx$

(2) $\int_{-3}^3 (5x^2-9x+6)dx-\int_{-3}^3 (2x^2-7x+3)dx$

□ **491** 次の定積分を求めよ。 ㊎p.212 練習 8

(1) $\int_0^2 (3x^2-4x-3)dx+\int_2^4 (3x^2-4x-3)dx$

*(2) $\int_3^5 (2x^2+3x+4)dx+\int_5^3 (2x^2+3x+4)dx$

(3) $\int_{-3}^{-1} (x^2+2x)dx-\int_1^{-1} (x^2+2x)dx$

*(4) $\int_{-1}^0 (x^2-4x)dx+\int_{\frac{1}{2}}^1 (x^2-4x)dx-\int_{\frac{1}{2}}^0 (x^2-4x)dx$

□ **492** 次の関数 $f(x)$ を微分せよ。 ㊎p.213

*(1) $f(x)=\int_1^x (-3t+2)dt$ (2) $f(x)=\int_0^x (-t^2+1)dt$

*(3) $f(x)=\int_{-2}^x (t-2)(t+1)dt$

□ **493** 次の等式を満たす関数 $f(x)$ と定数 a の値を求めよ。 ㊎p.213 練習 10

*(1) $\int_a^x f(t)dt=x^2-4x-12$ (2) $\int_a^x f(t)dt=3x^2-8x+5$

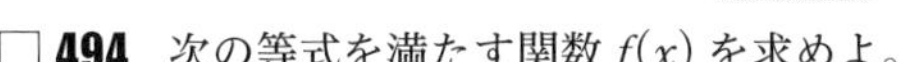

B

□ **494** 次の等式を満たす関数 $f(x)$ を求めよ。 ㊎p.212 練習 9

(1) $f(x)=4x+\int_0^2 f(t)dt$

*(2) $f(x)=6x^2-\int_0^1 f(t)dt$

□ **495** 次の等式を満たす関数 $f(x)$ を求めよ。 (㊎p.212 練習 9)

(1) $f(x)=x\int_0^1 f(t)dt-1$

*(2) $f(x)=3x+\int_0^2 tf(t)dt$

*(3) $f(x)=3x^2+\int_0^1 xf(t)dt$

□ **496** 次の等式を満たす関数 $f(x)$ と定数 a の値を求めよ。 ㊎p.213 練習 10

(1) $\int_1^x f(t)dt=2x^2+3x+a$

*(2) $\int_2^x f(t)dt=-x^2+ax-4$

C

□ **497** 次の条件を満たす 2 次関数 $f(x)$ を求めよ。

$$\int_0^3 f(x)dx=3,\quad \int_0^2 xf(x)dx=-4,\quad \int_{-1}^1 f'(x)dx=-12$$

□ **498** 次の条件を満たす 3 次関数 $f(x)$ について，$f(1)$ の値を求めよ。

$$f(0)=1,\quad \int_{-2}^0 f'(x)dx=4,\quad \int_{-2}^1 f'(x)dx=6$$

□ **499** 次の等式を満たす関数 $f(x)$ を求めよ。

(1) $f(x)=x\int_0^1 f(t)dt+\int_0^2 f(t)dt-1$

(2) $f(x)=x^2+\int_0^1 xf(t)dt+\int_0^2 f(t)dt$

例題 35

関数 $f(x)=\int_0^x (t-2)(t-4)dt$ が極値をとる x の値を求めよ。

〈考え方〉 $f'(x)=0$ を満たす x の値は積分せずに求めることができることに注意する。

解答 $f'(x)=(x-2)(x-4)$

$f'(x)=0$ とすると　$x=2,\ 4$

であるから，増減表は次のようになる。

x	$\cdots$	2	$\cdots$	4	$\cdots$
$f'(x)$	+	0	−	0	+
$f(x)$	↗	極大	↘	極小	↗

増減表より，**$x=2$ のとき，極大**

$x=4$ のとき，極小となる。 答

□ **500** 次の関数 $f(x)$ が極値をとる x の値を求めよ。

(1) $f(x)=\int_{-2}^x (4t^2+4t-3)dt$

(2) $f(x)=x^2+\int_0^x t(t-3)dt$

□ **501** 関数 $f(x)=\int_0^x (t^2+2t-3)dt$ の極値を求めよ。また，そのときの x の値を求めよ。

□ **502** 関数 $f(x)=\int_0^x (t^2-4t+3)\,dt$ の区間 $0 \leqq x \leqq 5$ における最大値，最小値を求めよ。

また，そのときの x の値を求めよ。

□ **503** 次の等式を満たす関数 $f(x)$ を求めよ。

(1) $f(x)=3x-\int_1^2 f'(t)\,dt$

(2) $f(x)=x^2-x+\int_0^1 tf'(t)\,dt$

□ **504** 次の 2 つの条件(i)，(ii)を満たす関数 $f(x)$，$g(x)$ と定数 a，b の値を求めよ。

(i) $\int_1^x \{2f(t)-g(t)\}\,dt=3x^2-3x+a$

(ii) $\int_1^x \{f(t)+2g(t)\}\,dt=5x^3-x^2+x+b$

研究 不定積分，定積分のいろいろな公式

㊙p.214

$(x-\alpha)^n$ の不定積分

$$\int (x-\alpha)^n\,dx=\frac{1}{n+1}(x-\alpha)^{n+1}+C$$

定積分の公式

$$\int_\alpha^\beta (x-\alpha)(x-\beta)\,dx=-\frac{1}{6}(\beta-\alpha)^3$$

B

□ **505** 次の不定積分を求めよ。 ㊙p.214

*(1) $\int (x+1)^2\,dx$　　(2) $\int 8(x-2)^3\,dx$

□ **506** 次の定積分を求めよ。 ㊙p.214 演習 1

*(1) $\int_{-3}^0 x(x+3)\,dx$　　(2) $\int_{-2}^1 (2x^2+2x-4)\,dx$

*(3) $\int_{-\frac{1}{2}}^{\frac{1}{3}} (6x^2+x-1)\,dx$　　*(4) $\int_{2-\sqrt{5}}^{2+\sqrt{5}} (-x^2+4x+1)\,dx$

□ **507** 次の定積分を求めよ。 (㊙p.214)

*(1) $\int_{-1}^2 (x-2)^2\,dx$　　(2) $\int_1^5 (x-3)^3\,dx$

3 定積分と面積

教 p.215～222

1 定積分と面積

区間 $a \leqq x \leqq b$ で $f(x) \geqq 0$ のとき，
曲線 $y=f(x)$ と x 軸，および 2 直線 $x=a$，$x=b$ で
囲まれた図形の面積 S は

$$S=\int_a^b f(x)dx$$

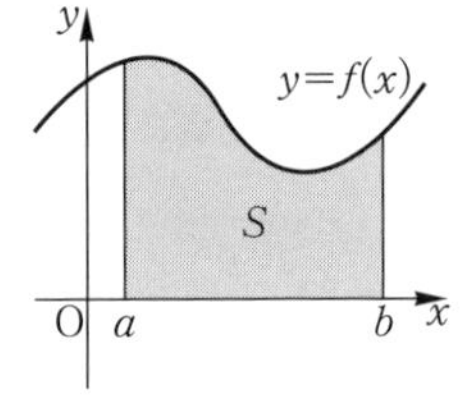

区間 $a \leqq x \leqq b$ で $f(x) \leqq 0$ のとき，
曲線 $y=f(x)$ と x 軸，および 2 直線 $x=a$，$x=b$ で
囲まれた図形の面積 S は

$$S=-\int_a^b f(x)dx$$

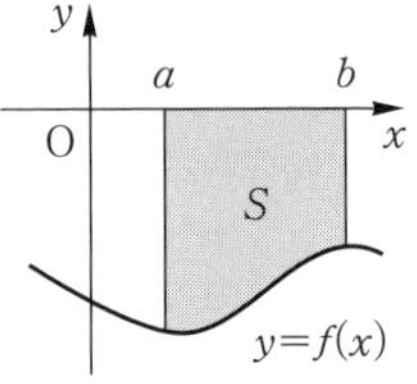

2 2 曲線の間の面積

区間 $a \leqq x \leqq b$ で $f(x) \geqq g(x)$ のとき，
2 曲線 $y=f(x)$ と $y=g(x)$，および 2 直線 $x=a$，$x=b$ で
囲まれた図形の面積 S は

$$S=\int_a^b \{f(x)-g(x)\}dx$$

3 絶対値のついた関数の定積分

絶対値を含む関数の定積分は，積分する区間を分けて，絶対値記号をはずしてから求める。

A

□ **508** 次の曲線や直線で囲まれた図形の面積 S を求めよ。 教 p.217 練習 11

*(1) 放物線 $y=x^2+2$，x 軸，y 軸，および直線 $x=2$

(2) 放物線 $y=x^2-2x+2$，x 軸，および 2 直線 $x=2$，$x=3$

□ **509** 次の放物線と x 軸で囲まれた図形の面積 S を求めよ。 教 p.217 練習 12

(1) $y=-x^2+1$　　*(2) $y=-x^2+4x+5$

□ **510** 次の放物線と x 軸で囲まれた図形の面積 S を求めよ。 教 p.218 練習 13

*(1) $y=x^2-5x+4$　　(2) $y=3x^2-6$

□ **511** 次の曲線や直線で囲まれた 2 つの部分の面積の和 S を求めよ。 教 p.218 練習 14

*(1) 放物線 $y=-x^2-x$ と x 軸，および直線 $x=2$

(2) 放物線 $y=x^2-4x+3$ と x 軸，および直線 $x=4$

□ **512** 次の放物線と直線で囲まれた図形の面積 S を求めよ。 ㊙p.220 練習 15

*(1) $y=x^2+2x-3$, $y=-2x+2$　(2) $y=-2x^2+3x-1$, $y=x-5$

□ ***513** 次の 2 つの放物線で囲まれた図形の面積 S を求めよ。 ㊙p.220 練習 16

(1) $y=x^2-5x+4$, $y=-x^2+x+12$　(2) $y=2x^2$, $y=x^2+9$

□ **514** 次の曲線や直線で囲まれた 2 つの部分の面積の和 S を求めよ。 ㊙p.221 練習 17

(1) 曲線 $y=-x^3+4x$ と直線 $y=3x$

*(2) 曲線 $y=x^3-2x^2-3x$ と直線 $y=5x$

□ **515** 次の定積分を求めよ。 ㊙p.222 練習 18

*(1) $\int_{-1}^{2}|x-1|dx$　(2) $\int_{0}^{3}|2x-3|dx$

□ **516** 次の定積分を求めよ。 ㊙p.222 練習 19

(1) $\int_{0}^{3}|x(x-2)|dx$　*(2) $\int_{1}^{3}|x^2-4|dx$

B

□ **517** 次の放物線と x 軸で囲まれた図形の面積 S を求めよ。 (㊙p.217 練習 12 p.218 練習 13)

*(1) $y=-x^2+2x+1$　(2) $y=2x^2-4x-1$

□ **518** 次の曲線と x 軸で囲まれた図形の面積 S を求めよ。 (㊙p.217 練習 12)

*(1) $y=(x+1)(x-2)^2$　(2) $y=x^3-4x^2+4x$

□ **519** 次の 2 つの曲線で囲まれた図形の面積 S を求めよ。 (㊙p.220 練習 15, 16)

*(1) $y=2x^2$, $y=x^3$　(2) $y=x^3-1$, $y=x^2+x-2$

□ **520** 次の 2 つの曲線で囲まれた 2 つの部分の面積の和 S を求めよ。 (㊙p.220 練習 16 p.221 練習 17)

(1) $y=x^3-3x^2+x$, $y=x^2-2x$　(2) $y=2x^2$, $y=x^4$

□ **521** 関数 $y=|x^2-7x+10|$ のグラフと x 軸, および y 軸で囲まれた 2 つの部分の面積の和 S を求めよ。 (㊙p.222 練習 19)

C

□ **522** $a>0$ とする。放物線 $y=x^2$ と直線 $y=ax$ によって囲まれた図形の面積が $\frac{4}{3}$ であるとき，定数 a の値を求めよ。

例題 36

放物線 $y=-x^2+6x$ と x 軸で囲まれた図形の面積が直線 $y=ax$ によって 2 等分されるとき，定数 a の値を求めよ。

〈考え方〉 放物線 $y=-x^2+6x$ と直線 $y=ax$ で囲まれた図形の面積を a で表す。

解答 放物線 $y=-x^2+6x$ と直線 $y=ax$ の共有点の x 座標は

$-x^2+6x=ax$ を解いて　$x=0,\ 6-a$

放物線と直線で囲まれた図形の面積 S_1 は

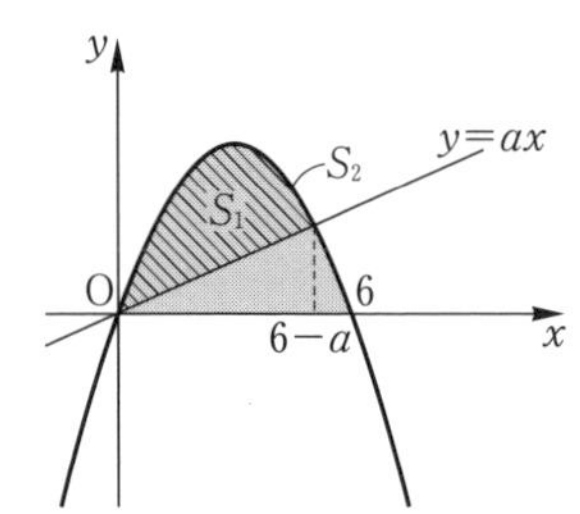

$$S_1=\int_0^{6-a}\{(-x^2+6x)-ax\}dx$$

$$=-\int_0^{6-a}x\{x-(6-a)\}dx$$

$$=-\left(-\frac{1}{6}\right)\cdot(6-a)^3=\frac{(6-a)^3}{6}$$

また，放物線と x 軸で囲まれた図形の面積 S_2 は

$$S_2=\int_0^6(-x^2+6x)dx=-\int_0^6x(x-6)dx=-\left(-\frac{1}{6}\right)\cdot6^3=36$$

$S_1=\frac{1}{2}S_2$ のとき　$\frac{(6-a)^3}{6}=\frac{1}{2}\cdot36$ より　$(6-a)^3=108$

よって　$6-a=\sqrt[3]{108}=\sqrt[3]{2^2\cdot3^3}=3\sqrt[3]{4}$　　ゆえに　$\boldsymbol{a=6-3\sqrt[3]{4}}$　答

□ **523** 放物線 $y=x^2-3x$ と x 軸で囲まれた図形の面積が 2 直線 $y=ax$，$y=bx$ によって 3 等分されるとき，定数 a の値を求めよ。ただし，$a<b$ とする。

研究　曲線と接線で囲まれた図形の面積

㊜p.223〜224

B

□* **524** 放物線 $y=x^2-4x+1$ 上の点 $(-1,\ 6)$ における接線を l_1，点 $(3,\ -2)$ における接線を l_2 とする。この放物線および 2 直線 l_1，l_2 で囲まれた図形の面積 S を求めよ。

㊜p.223 演習 1

□* **525** 曲線 $y=x^3-10x+8$ 上の点 $(2,\ -4)$ における接線を l とする。次の問いに答えよ。

(1) 接線 l の方程式を求めよ。 ㊜p.224 演習 2

(2) 曲線 $y=x^3-10x+8$ と接線 l で囲まれた図形の面積 S を求めよ。

C

□ **526** 曲線 $C：y=x^3$ 上の点 $\mathrm{P}(t,\ t^3)$ における接線を l とし，l と C とのもう一方の交点を Q とする。次の問いに答えよ。ただし，$t>0$ とする。（2017 三重大　改）

(1) 接線 l の方程式を求めよ。　(2) 点 Q の座標を求めよ。

(3) l と C で囲まれた図形の面積が $\dfrac{4}{3}$ であった。このときの t の値を求めよ。

例題 37

2 つの放物線 $y=x^2$ ……①，$y=x^2+4x+2$ ……②について，次の問いに答えよ。

(1) 2 つの放物線①，②の両方に接する接線 l の方程式を求めよ。

(2) 接線 l と 2 つの放物線①，②で囲まれた図形の面積 S を求めよ。

〈考え方〉(1)放物線①上の点 $(t,\ t^2)$ における接線が，放物線②に接する場合を考える。

解答 (1) 放物線①上の点 $(t,\ t^2)$ における接線の方程式は

$y'=2x$ より　$y-t^2=2t(x-t)$　すなわち　$y=2tx-t^2$ ……③

放物線②と直線③が接するには，2 次方程式

$$x^2+4x+2=2tx-t^2$$

すなわち　$x^2-2(t-2)x+t^2+2=0$ ……④

が重解をもてばよい。④の判別式を D とすると

$$\frac{D}{4}=\{-(t-2)\}^2-(t^2+2)=-4t+2$$

$D=0$ であればよいから　$t=\dfrac{1}{2}$

③より，求める接線の方程式は　$\boldsymbol{y=x-\dfrac{1}{4}}$ 答

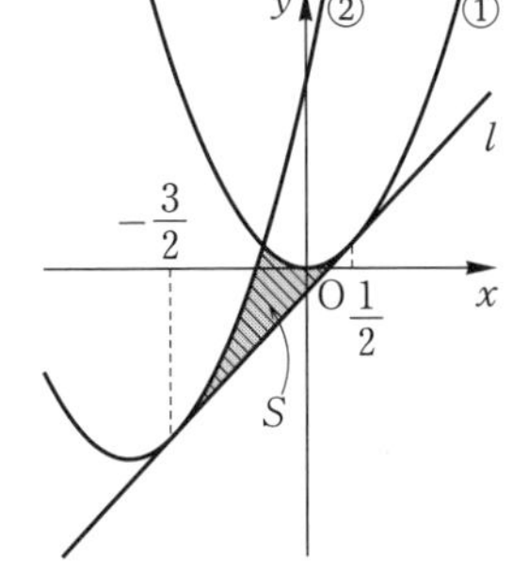

(2) 放物線②と接線 l の接点の x 座標は，

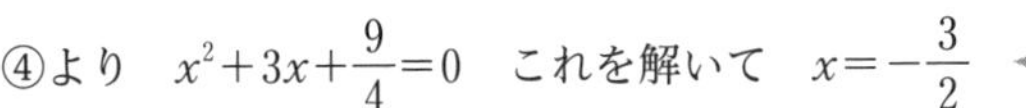

④より　$x^2+3x+\dfrac{9}{4}=0$　これを解いて　$x=-\dfrac{3}{2}$

接点の x 座標は④の重解

2 つの放物線①，②の交点の x 座標は，$x^2=x^2+4x+2$ を解いて　$x=-\dfrac{1}{2}$

よって，求める面積 S は

$$S=\int_{-\frac{3}{2}}^{-\frac{1}{2}}\left\{(x^2+4x+2)-\left(x-\frac{1}{4}\right)\right\}dx+\int_{-\frac{1}{2}}^{\frac{1}{2}}\left\{x^2-\left(x-\frac{1}{4}\right)\right\}dx$$

$$=\int_{-\frac{3}{2}}^{-\frac{1}{2}}\left(x^2+3x+\frac{9}{4}\right)dx+\int_{-\frac{1}{2}}^{\frac{1}{2}}\left(x^2-x+\frac{1}{4}\right)dx$$

$$=\left[\frac{1}{3}x^3+\frac{3}{2}x^2+\frac{9}{4}x\right]_{-\frac{3}{2}}^{-\frac{1}{2}}+\left[\frac{1}{3}x^3-\frac{1}{2}x^2+\frac{1}{4}x\right]_{-\frac{1}{2}}^{\frac{1}{2}}=\boldsymbol{\frac{2}{3}}$$ 答

□ **527** 2 つの放物線 $y=x^2$，$y=x^2-6x+3$ の両方に接する接線の方程式を求めよ。また，この接線と 2 つの放物線で囲まれた図形の面積 S を求めよ。

《章末問題》

□ **528** $f(x)=ax^2+bx+c$ において，

$$f(1)=0,\quad f'(1)=4,\quad \int_0^1 f(x)dx=-1$$

となるとき，定数 a，b，c の値を求めよ。

□ **529** a，b，c，d を実数とする。関数 $f(x)=ax^3+bx^2+cx+d$ が

$$f(-1)=1,\quad f(1)=5,\quad \int_{-1}^1 f(x)dx=8$$

を満たすとき，次の問いに答えよ。 (2017年 和歌山大)

(1) $f(0)$ の値を求めよ。

(2) $f(x)$ が $x=0$ で極値をとるとき，$f(x)$ の極小値を求めよ。

□ **530** $f(x)=x^3-9x+16$ とする。原点を通り，曲線 $y=f(x)$ に接する直線を $y=g(x)$ とするとき，次の問いに答えよ。 (2019年 福岡大)

(1) 関数 $g(x)$ を求めよ。

(2) 関数 $h(x)=f(x)-g(x)$ $(x\leqq 3)$ の最大値を求めよ。

□ **531** 3 次方程式 $x^3-3ax^2-4=0$ が異なる 3 つの実数解をもつとき，定数 a の値の範囲を求めよ。

□ **532** 曲線 $y=x^3+kx$ と直線 $y=-3x+16$ が接するとき，k の値を求めよ。

□ **533** 曲線 $y=2x^3-6x^2+12x$ の接線について，次の問いに答えよ。

(1) 接点の x 座標を t とするとき，接線の方程式を t を用いて表せ。

(2) (1)の接線が点 $(0,\ a)$ を通るとき，a と t の関係式を求めよ。

(3) 点 $(0,\ a)$ を通る接線が 3 本存在するような，定数 a の値の範囲を求めよ。

□ **534** 曲線 $y=x^3-4x$ について，次の問いに答えよ。

(1) 曲線上の点 A$(-2,\ 0)$ における接線が，この曲線と交わる点を B とする。点 B の座標を求めよ。

(2) 曲線上の x 座標が t である点を P とする。点 P が曲線上を点 A から点 B まで動くとき，△ABP の面積を $S(t)$ とする。$S(t)$ を t の式で表せ。

(3) (2)の $S(t)$ の最大値を求めよ。また，そのときの点 P の座標を求めよ。

□ **535** 関数 $y=\sin^3\theta+\cos^3\theta$ $(0\leqq\theta<2\pi)$ について，次の問いに答えよ。

(1) $\sin\theta+\cos\theta=t$ としたとき，t のとりうる値の範囲を求めよ。

(2) y を(1)の t の式で表せ。

(3) y の最大値，最小値を求めよ。また，そのときの θ の値を求めよ。

□ **536** 関数 $y=8^x-\dfrac{9}{2}\cdot4^x+3\cdot2^{x+1}-2$ $(-1\leqq x\leqq2)$ について，次の問いに答えよ。

(1) $2^x=t$ としたとき，t のとりうる値の範囲を求めよ。

(2) y を(1)の t の式で表せ。

(3) y の最大値，最小値を求めよ。また，そのときの x の値を求めよ。

□ **537** 次の 2 つの等式を満たす関数 $f(x)$，$g(x)$ を求めよ。

$$f(x)=3x^2+x\int_0^1 tg(t)dt,\qquad g(x)=3x+2\int_0^1 f(t)dt$$

□ **538** 関数 $f(x)=\int_x^0(t^2+t)dt$ について，次の問いに答えよ。

(1) $f'(x)$ を求めよ。

(2) $-2\leqq x\leqq0$ における $f(x)$ の最大値，最小値を求めよ。また，そのときの x の値を求めよ。

□ **539** $a>0$ とする。次の定積分を求めよ。

(1) $\int_0^a|x-2|dx$ (2) $\int_0^3|x-a|dx$

Prominence

□ **540** 3 次関数 $f(x)=x^3+ax^2+bx+c$ について，次の問いに答えよ。

(1) $f(x)$ が極大値と極小値をもつための条件を求めてみよう。

(2) $f(x)$ は $x=\alpha$ で極大であり，$x=\beta$ で極小であるとする。このとき，$f(\alpha)-f(\beta)=\int_\beta^\alpha f'(x)dx$ と表されることを用いて，$f(\alpha)-f(\beta)$ を α，β の式で表してみよう。

(3) $f(x)=x^3+2x^2-3x+4$ の極大値と極小値の差を求めてみよう。

1章　方程式・式と証明

1節　式の計算

1 (1) $x^3+6x^2+12x+8$

(2) $x^3-9x^2+27x-27$

(3) $x^3+12x^2y+48xy^2+64y^3$

(4) $8x^3-36x^2y+54xy^2-27y^3$

2 (1) x^3+64　(2) $27a^3-b^3$

3 (1) $(a+2)(a^2-2a+4)$

(2) $(x-4)(x^2+4x+16)$

(3) $(2a+3b)(4a^2-6ab+9b^2)$

(4) $(5x-2y)(25x^2+10xy+4y^2)$

4 (1) $a^6-3a^4+3a^2-1$　(2) x^6-64

5 (1) $\frac{1}{9}(3x+1)(9x^2-3x+1)$

(2) $9(x-y)(x^2-xy+y^2)$

6 (1) $(2x-1)^3$　(2) $(x+5)^3$

7 (1) $(a-1)(a+2)(a^2+a+1)(a^2-2a+4)$

(2) $(2x+y)(2x-y)$
$\times(4x^2+2xy+y^2)(4x^2-2xy+y^2)$

8 (1) $a^8+8a^7b+28a^6b^2+56a^5b^3+70a^4b^4$
$+56a^3b^5+28a^2b^6+8ab^7+b^8$

(2) $a^9+9a^8b+36a^7b^2+84a^6b^3+126a^5b^4$
$+126a^4b^5+84a^3b^6+36a^2b^7+9ab^8+b^9$

9 (1) $x^6+6x^5+15x^4+20x^3+15x^2+6x+1$

(2) $a^5-10a^4b+40a^3b^2-80a^2b^3+80ab^4-32b^5$

(3) $x^5+\frac{5}{2}x^4+\frac{5}{2}x^3+\frac{5}{4}x^2+\frac{5}{16}x+\frac{1}{32}$

(4) $81x^4-216x^3y+216x^2y^2-96xy^3+16y^4$

10 (1) 84　(2) -448

(3) 1215　(4) -672

11 (1) 略　(2) 略

12 (1) 60　(2) 210

(3) -8960　(4) -1080

13 (1) 672　(2) 252

14 (1) -120　(2) 570

15 $4x^3-5x^2+9x+1$

16 (1) 商 $3x+2$，余り 8

(2) 商 x^2+3x-1，余り -6

(3) 商 $2x-3$，余り $-6x+5$

(4) 商 $3x-4$，余り $-3x+2$

(5) 商 x^2+3x+1，余り 0

17 x^2-x-3

18 (1) 商 $3x^2+3xy+4y^2$，余り 0

(2) 商 $x-2y$，余り 0

19 $a=-2$，$b=3$，商 $x-3$

20 (1) 商 $x-3y+3$，余り $8y^2-2y-5$

(2) 商 $y-x+2$，余り $2x^2+x-5$

21 (1) $\frac{5a}{4b^2}$　(2) $\frac{3b^4c^2}{4a^2}$

(3) $\frac{2a+3b}{4a}$　(4) $\frac{x-4}{x-2}$

(5) $\frac{2x+1}{x+3}$　(6) $\frac{x^2-xy+y^2}{x+2y}$

22 (1) $\frac{2x}{x-2}$　(2) $\frac{6x^4}{a^2by^2}$

(3) $\frac{a(a+1)}{(a+3)^2}$　(4) $\frac{(a+2)(a+3)}{(a-2)(a-3)}$

(5) $\frac{(x-1)(x+4)}{3(x+2)^2}$　(6) $\frac{2}{x(x+2)^2}$

23 (1) x　(2) $\frac{x-2}{x+2}$

(3) $-\frac{1}{x^2+x+1}$　(4) $\frac{1}{a+b}$

24 (1) $\frac{8x}{(x-3)(x+5)}$　(2) $\frac{2x^2-1}{(x+1)(2x+1)}$

(3) $\frac{a^2+b^2}{(a+b)(a-b)}$　(4) $-\frac{x}{2(x-1)}$

25 (1) $\frac{x-1}{x+1}$　(2) $-\frac{1}{x(x-1)}$

(3) $\frac{x-8}{(x+2)(2x-1)}$　(4) $\frac{x+1}{x^2-x+1}$

26 (1) $\frac{x}{x-2}$　(2) $\frac{1}{x-1}$　(3) $\frac{x+1}{x+5}$

27 (1) $\frac{4x^2}{(1-x)(1+x)(1+x^2)}$

(2) $\frac{2}{(x+1)(x+3)}$　(3) $\frac{2(3x+1)}{(2x-1)(x+1)}$

(4) $\frac{3x(x+2)}{(x+4)^2}$　(5) $-\frac{(x-2)^2}{x^2+1}$

(6) $\dfrac{2ab}{(a+b)(a-b)}$

28 (1) $-\dfrac{3}{x}$　(2) $\dfrac{2xy}{x^2+y^2}$　(3) $\dfrac{1}{x}$

29 (1) $-\dfrac{10(x-1)}{(x+1)(x+2)(x-3)(x-4)}$

(2) $-\dfrac{4x-1}{x(x-1)(2x+1)(2x-1)}$

(3) $-\dfrac{28(x-3)}{x(x+1)(x-6)(x-7)}$

(4) $-\dfrac{32(x-2)}{(x+1)(x+3)(x-5)(x-7)}$

30 (1) $\dfrac{6}{x(x+6)}$　(2) $\dfrac{3}{x(x-3)}$

2節　複素数と方程式

31 (1) 実部は -3，虚部は 2

(2) 実部は 1，虚部は -5

(3) 実部は 0，虚部は $\sqrt{7}$

(4) 実部は -6，虚部は 0

32 (1) $x=4$，$y=-1$　(2) $x=7$，$y=3$

(3) $x=-1$，$y=2$　(4) $x=1$，$y=-3$

33 (1) $6-2i$　(2) $-2+6i$

(3) $16+7i$　(4) $-17-19i$

(5) $-9-40i$　(6) 58

34 (1) $5-2i$　(2) $1+4i$　(3) $\sqrt{3}i$　(4) 5

35 (1) $2-i$　(2) $\dfrac{-4+3i}{25}$

(3) $\dfrac{-4+3i}{5}$　(4) $2+i$

36 (1) -6　(2) 2

(3) $\sqrt{7}i$　(4) $-\dfrac{2\sqrt{3}}{3}i$

37 (1) $x=2$，$y=1$　(2) $x=3$，$y=-1$

(3) $x=3$，$y=-1$　(4) $x=5$，$y=11$

38 (1) $\dfrac{14}{25}$　(2) $-1-2i$　(3) $-\dfrac{1+\sqrt{3}i}{2}$

(4) 4　(5) $14+12i$　(6) $\dfrac{3}{2}$

39 (1) $-7\sqrt{6}+6i$　(2) $\dfrac{1+2\sqrt{2}i}{3}$　(3) -1

40 (1) $\dfrac{2}{5}$　(2) $\dfrac{1}{5}$　(3) $\dfrac{2}{25}$

(4) 8　(5) $-\dfrac{6}{25}$　(6) $-\dfrac{22}{125}$

41 (1) $a=0$，$\dfrac{1}{2}$　(2) $a=\dfrac{1}{3}$，1

42 (1) $\dfrac{3\pm\sqrt{7}i}{2}$　(2) $\dfrac{-5\pm\sqrt{7}i}{4}$

(3) $\dfrac{2\pm2\sqrt{5}i}{3}$　(4) $3\pm\sqrt{6}$

(5) $\dfrac{\sqrt{3}}{2}$　(6) $\dfrac{-2\pm i}{2}$

43 (1) 異なる 2 つの実数解

(2) 異なる 2 つの虚数解

(3) 異なる 2 つの実数解

(4) 異なる 2 つの虚数解

(5) 異なる 2 つの虚数解

(6) 重解

44 (1) $a<2$，$6<a$ のとき，異なる 2 つの実数解

$a=2$，6 のとき，重解

$2<a<6$ のとき，異なる 2 つの虚数解

(2) $a<0$，$3<a$ のとき，異なる 2 つの実数解

$a=0$，3 のとき，重解

$0<a<3$ のとき，異なる 2 つの虚数解

45 (1) $m=2$ のとき　$x=-1$

$m=-6$ のとき　$x=3$

(2) $m=2$ のとき　$x=-1$

$m=8$ のとき　$x=2$

46 (1) $k<-1$，$\dfrac{1}{4}<k$　(2) $k<-2$，$2<k$

47 (1) $-2\leqq k\leqq 1$　(2) $k<-2$，$1<k\leqq 2$

48 (1) 異なる 2 つの実数解

(2) $a=5$ のとき，重解

$a\neq 5$ のとき，異なる 2 つの虚数解

49 (1) $k<0$，$0<k<3$ のとき，

異なる 2 つの実数解

$k=3$ のとき，重解

$k>3$ のとき，異なる 2 つの虚数解

$k=0$ のとき，1 つの実数解

(2) $k<1$, $1<k<2$ のとき，
異なる2つの実数解
$k=2$ のとき，重解
$k>2$ のとき，異なる2つの虚数解
$k=1$ のとき，1つの実数解

50 $x=-2$

51 (1) $\alpha+\beta=-3$, $\alpha\beta=6$

(2) $\alpha+\beta=\frac{5}{2}$, $\alpha\beta=\frac{7}{2}$

(3) $\alpha+\beta=\frac{2}{3}$, $\alpha\beta=-\frac{1}{2}$

(4) $\alpha+\beta=-\frac{1}{4}$, $\alpha\beta=-\frac{1}{2}$

(5) $\alpha+\beta=-\frac{4}{3}$, $\alpha\beta=-\frac{3}{2}$

(6) $\alpha+\beta=0$, $\alpha\beta=\frac{4}{3}$

52 (1) $\frac{3}{2}$　(2) 1　(3) -2

(4) -1　(5) $-\frac{2}{3}$　(6) -2

53 $k=24$, $x=4$, 6

54 (1) $\left(x-\frac{3+\sqrt{5}}{2}\right)\left(x-\frac{3-\sqrt{5}}{2}\right)$

(2) $2\left(x-\frac{5+\sqrt{7}i}{4}\right)\left(x-\frac{5-\sqrt{7}i}{4}\right)$

(3) $3\left(x+\frac{2-\sqrt{10}}{3}\right)\left(x+\frac{2+\sqrt{10}}{3}\right)$

(4) $(x-3-i)(x-3+i)$

(5) $(2x-3i)(2x+3i)$

(6) $(3x+2-i)(3x+2+i)$

55 (1) $x^2-2x-15=0$　(2) $9x^2+12x-1=0$

(3) $8x^2-4x+5=0$

56 (1) $x^2-4x+6=0$　(2) $3x^2-2x+1=0$

(3) $x^2+2x+9=0$

57 $a=2$, $b=17$

58 (1) $k<-8$　(2) $4<k<8$　(3) $k>8$

59 (1) $k=-2$ のとき，$x=-1$, 3
$k=2$ のとき，$x=-3$, 1

(2) $k=8$ のとき，$x=2$, 4
$k=-27$ のとき，$x=-3$, 9

60 (1) $(x, y)=(-2, 6)$, $(6, -2)$

(2) $(x, y)=(1+\sqrt{3}i, 1-\sqrt{3}i)$,
$(1-\sqrt{3}i, 1+\sqrt{3}i)$

61 $a=6$, $b=4$

62 (1) ① $(x^2-2)(x^2+9)$
② $(x+\sqrt{2})(x-\sqrt{2})(x^2+9)$
③ $(x+\sqrt{2})(x-\sqrt{2})(x+3i)(x-3i)$

(2) ① $(3x^2-1)(x^2+4)$
② $(\sqrt{3}x+1)(\sqrt{3}x-1)(x^2+4)$
③ $(\sqrt{3}x+1)(\sqrt{3}x-1)(x+2i)(x-2i)$

63 $k=-1$, 4

64 (1) $k\leqq-10$　(2) $2\leqq k<6$

(3) $k>6$

65 (1) 1　(2) 5　(3) -13　(4) 0

66 (1) 1　(2) 2

67 (1) $a=-2$　(2) $a=-3$　(3) $a=5$

68 (1) $x+1$, $x-2$　(2) $x+2$, $x-3$

69 (1) $(x-1)^2(x+3)$

(2) $(x+1)(x-2)(x-3)$

(3) $(x-2)(x+3)(x-4)$

(4) $(x+2)(x-3)(2x-1)$

70 $2x-1$

71 $a=3$, $b=-1$

72 $x-2$ で割ったときの余り　13
$x+3$ で割ったときの余り　-7

73 $x+2$

74 6

75 $-x^2+6x-9$

76 (1) $x=-2$, $1\pm\sqrt{3}i$

(2) $x=-3$, $\frac{3\pm3\sqrt{3}i}{2}$

(3) $x=\frac{1}{4}$, $\frac{-1\pm\sqrt{3}i}{8}$

77 (1) 0　(2) -1　(3) -3

78 (1) $x=\pm3$, $\pm3i$　(2) $x=\pm\sqrt{2}$, $\pm\sqrt{7}i$

(3) $x=1$, 2, 3

(4) $x=-1\pm\sqrt{5}$, $1\pm\sqrt{5}$

79 (1) $x=2,\ \dfrac{3\pm\sqrt{5}}{2}$

(2) $x=-2,\ \dfrac{-1\pm\sqrt{7}i}{2}$

(3) $x=3,\ -1\pm\sqrt{3}i$

(4) $x=-2,\ \dfrac{1\pm2\sqrt{2}i}{3}$

80 (1) $x=\dfrac{2}{3},\ \dfrac{-1\pm\sqrt{3}i}{2}$

(2) $x=-\dfrac{1}{3},\ \dfrac{1\pm\sqrt{7}i}{4}$

81 $a=-5,\ b=9$

他の解は　$x=-\dfrac{3}{2}$

82 $a=-5,\ b=4$

他の解は　$x=-1,\ 3+i$

83 (1) $x=5,\ \dfrac{1\pm\sqrt{23}i}{2}$

(2) $x=1,\ -2,\ 2,\ -3$

(3) $x=\dfrac{-3\pm\sqrt{13}}{2},\ \dfrac{-3\pm\sqrt{3}i}{2}$

(4) $x=1,\ -1\pm\sqrt{2}i$

(5) $x=1,\ -1,\ -2$

(6) $x=-1,\ -2,\ \dfrac{1\pm\sqrt{11}i}{2}$

84 3 cm または $(1+\sqrt{13})$cm

85 (1) 0

(2) $(x+1)(x^2-x+a)$

(3) $a=\dfrac{1}{4},\ -2$

86 $a=-3,\ b=2$

他の解は　$x=-2$

87 $2-3\sqrt{7}i$

3節　式と証明

88 ②，③

89 (1) $a=6,\ b=2$

(2) $a=3,\ b=-2,\ c=-1$

(3) $a=3,\ b=9,\ c=5$

(4) $a=-4,\ b=-2,\ c=6$

90 (1) $a=-1,\ b=1$　(2) $a=-1,\ b=2$

(3) $a=4,\ b=2$　(4) $a=-2,\ b=3$

91 (1) 略　(2) 略　(3) 略

92 (1) 略　(2) 略　(3) 略

93 (1) 略　(2) 略

94 (1) 略　(2) 略

95 (1) $-\dfrac{9}{4}$　(2) $\dfrac{29}{26}$

96 (1) $a=2,\ b=-1,\ c=-3$

(2) $a=9,\ b=4,\ c=-2$

(3) $a=-5,\ b=2,\ c=-1$

(4) $a=-17,\ b=22,\ c=-2$

97 (1) $a=6,\ b=1,\ c=-2$

(2) $a=3,\ b=-1,\ c=-1$

98 (1) $a=\dfrac{1}{3},\ b=-\dfrac{1}{3},\ c=-\dfrac{2}{3}$

(2) $a=1,\ b=-1,\ c=-1$

(3) $a=1,\ b=1$

(4) $a=-\dfrac{1}{4},\ b=-\dfrac{1}{8},\ c=\dfrac{3}{8}$

99 $\dfrac{33}{8}$

100 (1) $x=2,\ y=-3$　(2) $x=-3,\ y=1$

101 (1) 略　(2) 略

102 (1) $\dfrac{3}{2}$　(2) $\dfrac{7}{19}$

103 (1) $a=\dfrac{1}{4},\ b=-\dfrac{1}{4}$

(2) $a=-1,\ b=2,\ c=4$

104 $a=-1,\ b=2,\ c=2$

105 略

106 略

107 (1) $\dfrac{6}{(x+1)(x+7)}$　(2) $\dfrac{3}{(x-7)(x-1)}$

108 (1) 略　(2) 略

109 (1) 略　(2) 略

110 (1) $x=\dfrac{1}{2},\ y=-1$　(2) $x=3,\ y=-2$

111 (1) 略，等号は $a=b$ のとき成り立つ
(2) 略，等号は $x=y=0$ のとき成り立つ
(3) 略，等号は $6ay=bx$ のとき成り立つ
(4) 略，等号は $a=1$，$b=-\frac{1}{3}$ のとき成り立つ

112 (1) 略
(2) 略，等号は $a=b$ のとき成り立つ

113 (1) 略，等号は $a=\frac{1}{2}$ のとき成り立つ
(2) 略，等号は $a=b$ のとき成り立つ

114 (1) 略，等号は $ab \geqq 0$ のとき成り立つ
(2) 略，等号は $a=b$ のとき成り立つ

115 (1) $x=6$，$y=\frac{3}{2}$ のとき，最小値 12
(2) $x=1$，$y=3$ のとき，最大値 3

116 (1) 略，等号は $a=b$ のとき成り立つ
(2) 略，等号は $a=b=1$ のとき成り立つ
(3) 略，等号は $a=-2$，$b=-1$，$c=1$ のとき成り立つ
(4) 略，等号は $a=b=c$ のとき成り立つ

117 (1) 略，等号は $a+b=\frac{\sqrt{3}}{3}$ のとき成り立つ
(2) 略，等号は $ab=6$ のとき成り立つ

118 (1) $(x,\ y)=(-1,\ -1)$，$(1,\ 1)$ のとき，最小値 2
(2) $x=2$ のとき，最小値 3

119 $a<2ab<\frac{1}{2}<a^2+b^2<b$

120 (1) 略　(2) 略

121 (1) 商 x^2-x+2，余り -2
(2) 商 $x^2-4x+11$，余り -26
(3) 商 x^2+x+6，余り 14

122 (1) $(2x+y+1)(4x^2-2xy+y^2-2x-y+1)$
(2) $(x-y-1)(x^2+xy+y^2+x-y+1)$

123 略

124 (1) $\alpha+\beta+\gamma=-3$，$\alpha\beta+\beta\gamma+\gamma\alpha=-4$，$\alpha\beta\gamma=2$
(2) 10　(3) -2
(4) 17　(5) -57

125 (1) $p=-3$，$q=-10$，$r=24$
(2) $p=-5$，$q=5$，$r=-1$

章末問題

126 (1) $(x+1)(x^2-x+1)(x^2+x+1)$
(2) $3(2x-y-z)(-x+2y-z)(-x-y+2z)$

127 4

128 $c=-2$，$\frac{4}{3}$

129 $k=-1$，8

130 (1) 21　(2) $-\frac{7}{13}$

131 $k=-3$，$x=2$，$1-3i$

132 (1) $-\sqrt{2}-\sqrt{2}i$，$\sqrt{2}+\sqrt{2}i$
(2) $-3+2i$，$3-2i$

133 $-5x-7$

134 $\sqrt{3}<k<2$

135 (1) $a=5$，$b=-1$，$c=5$，$d=-3$
(2) $x=\frac{1}{2}$，-3，$\pm i$

136 (1) $\alpha\beta+\beta\gamma+\gamma\alpha=0$，$\alpha\beta\gamma=1$
(2) $\alpha=\frac{-1-\sqrt{5}}{2}$，$\beta=-1$，$\gamma=\frac{-1+\sqrt{5}}{2}$

137 (1) 略　(2) $t^2-3t-4=0$
(3) $x=\frac{-1\pm\sqrt{3}i}{2}$，$2\pm\sqrt{3}$

138 略

139 (1) 略，等号は $x=y$ のとき成り立つ
(2) 略，等号は $x=y=z$ のとき成り立つ

140 略

141 略，等号は $a=b$ のとき成り立つ

142 $k=-3$，$(x-y-3)(x+2y+1)$

2章　図形と方程式

1節　点と直線

143 (1)　4　(2)　7　(3)　7

144

145 (1)　4　(2)　3　(3)　52　(4)　-46

146 $C\left(-\frac{5}{3}\right)$, $D\left(-\frac{1}{3}\right)$

147 $b=-\frac{11}{3}$

148 (1)　$4\sqrt{5}$　(2)　$\sqrt{29}$

(3)　$5\sqrt{2}$　(4)　5

149 $(3,\ 0)$

150 (1)　$(1,\ 1)$　(2)　$\left(\frac{1}{2},\ \frac{3}{2}\right)$

(3)　$(4,\ -2)$　(4)　$(-12,\ 14)$

151 $(2,\ -2)$

152 $(-2,\ -4)$

153 略

154 (1)　BC＝CA の二等辺三角形,

$G\left(\frac{2}{3},\ \frac{10}{3}\right)$

(2)　∠A を直角とする直角二等辺三角形,

$G\left(2,\ \frac{4}{3}\right)$

155 $\left(\frac{4}{3},\ \frac{5}{3}\right)$

156 $(-5,\ 5)$

157 $A(5,\ 8)$, $B(-1,\ -2)$, $C(9,\ 4)$

158 $(4\sqrt{3},\ -2\sqrt{3})$, $(-4\sqrt{3},\ 2\sqrt{3})$

159 略

160 (1)

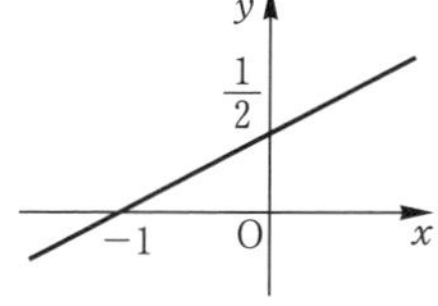

(2)

(3)

161 (1)　$y=2x-5$　(2)　$y=-3x-13$

(3)　$x=-2$　(4)　$y=3$

162 (1)　$y=2x-5$　(2)　$y=-\frac{2}{3}x+\frac{7}{3}$

(3)　$y=-4$　(4)　$x=3$

(5)　$y=-\frac{2}{3}x+2$　(6)　$y=2x+6$

163 $a=-4,\ 5$

164 $y=-\frac{1}{2}x-\frac{11}{2}$

165 2 直線が平行となるとき　$a=-9$

2 直線が垂直となるとき　$a=4$

166 平行な直線の方程式　$y=2x-11$

垂直な直線の方程式　$y=-\frac{1}{2}x-1$

167 $y=\frac{1}{3}x-\frac{2}{3}$

168 (1)　$\sqrt{5}$　(2)　$2\sqrt{2}$

(3)　$\frac{\sqrt{10}}{5}$　(4)　2

169 $(4,\ 10)$

170 略

171 $y=-3x-10$, $y=-3x+10$

172 $\left(\frac{13}{7},\ -\frac{4}{7}\right)$

173 (1)　$5\sqrt{2}$　(2)　$y=7x-6$

(3)　$\frac{9\sqrt{2}}{5}$　(4)　9

174 (1)　$a=0,\ 3$　(2)　$a=-2,\ 1$

175 (1) $k=-\frac{1}{2}$ (2) $k=-\frac{1}{2},\ -\frac{1}{3},\ \frac{3}{2}$

(3) $k=-\frac{2}{3},\ 3$

176 5

177 $2x+y-11=0$

178 (1) $x+2y-4=0$ (2) $x-y-1=0$

(3) $x-2y=0$

179 $a=1$

180 $(-4,\ -5)$

2節 円

181 (1) $(x+3)^2+(y+4)^2=4$

(2) $x^2+y^2=13$

(3) $(x-2)^2+(y+2)^2=25$

182 (1) 中心 $(1,\ -5)$，半径 3 の円

(2) 点 $(-3,\ 1)$

183 $n>4$

184 (1) $x^2+y^2+6x-2y-15=0$

外心の座標は $(-3,\ 1)$

外接円の半径は 5

(2) $x^2+y^2-3x+y-6=0$

外心の座標は $\left(\frac{3}{2},\ -\frac{1}{2}\right)$

外接円の半径は $\frac{\sqrt{34}}{2}$

185 (1) $(x+3)^2+(y-4)^2=16$

(2) $\left(x+\frac{1}{2}\right)^2+(y-2)^2=\frac{25}{4}$

(3) $(x-2)^2+(y-2)^2=4$,

$(x-10)^2+(y-10)^2=100$

186 (1) $(-2,\ 4)$，$(2,\ -4)$

(2) $(-3,\ 2)$，$(2,\ 3)$

187 (1) 2 個 (2) 0 個

(3) 1 個 (4) 2 個

188 $n<-3\sqrt{10}$，$3\sqrt{10}<n$

189 C_2

190 $n=20,\ -20$

191 2

192 (1) $x+2y=10$ (2) $x-3y=10$

(3) $y=-2$ (4) $x=5$

193 (1) 接点が $(1,\ 3)$ のとき $x+3y=10$

接点が $(3,\ -1)$ のとき $3x-y=10$

(2) 接点が $(2,\ 0)$ のとき $x=2$

接点が $\left(-\frac{10}{13},\ \frac{24}{13}\right)$ のとき

$5x-12y=-26$

194 (1) $(x+2)^2+(y-3)^2=13$

(2) $(x+2)^2+(y-3)^2=(\sqrt{13}-2)^2$

195 $(1,\ 3)$，$(3,\ -1)$

196 (1) 外接している，共有点 $\left(-\frac{12}{5},\ \frac{9}{5}\right)$

(2) 離れている

(3) 円 C が円 C' に内接している，

共有点 $(3,\ 3)$

197 (1) $-5<m<5$ のとき，2 個

$m=\pm 5$ のとき，1 個

$m<-5$，$5<m$ のとき，0 個

(2) $m<-2$，$2<m$ のとき，2 個

$m=\pm 2$ のとき，1 個

$-2<m<2$ のとき，0 個

198 (1) $x+3y=10$，$x-3y=10$

(2) $y=-x-4$，$y=-x+4$

(3) $y=-\frac{1}{3}x-\sqrt{10}$，$y=-\frac{1}{3}x+\sqrt{10}$

199 $2\sqrt{5}-4 \leqq r \leqq 2\sqrt{5}+4$

200 $7x+y=10$

201 $(x+1)^2+(y-3)^2=5$,

$(x+1)^2+(y-3)^2=45$

202 (1) $2x-y+5=0$

(2) $3x+y-11=0$

203 $2x-3y-14=0$，$3x+2y-21=0$

204 (1) $x-3y-6=0$

(2) $x^2+y^2-x+7y=0$

3節　軌跡と領域

205 (1)　直線 $3x+4y-15=0$

(2)　直線 $x-y+2=0$

206 (1)　点 $(8,\ 0)$ を中心とする半径 6 の円

(2)　点 $(-2,\ 0)$ を中心とする半径 $2\sqrt{13}$ の円

207 (1)　点 $(5,\ 0)$ を中心とする半径 3 の円

(2)　点 $(0,\ 2)$ を中心とする半径 1 の円

208 (1)　放物線 $y=x^2+2x-1$

(2)　放物線 $y=-\dfrac{1}{4}x^2-3x+1$

209 (1)　点 $(1,\ -2)$ を中心とする半径 2 の円

(2)　直線 $x-y+1=0$

210 (1)　放物線 $y=3x^2+8x+4$

(2)　点 $(3,\ 2)$ を中心とする半径 1 の円

211　放物線 $y=2x^2+4x+5$ の $x \geqq -2$ の部分

212　直線 $y=\dfrac{1}{2}x+1$ の $x<-2,\ 2<x$ の部分

213　円 $x^2+y^2=1$，ただし，点 $(-1,\ 0)$ は除く

214 (1)

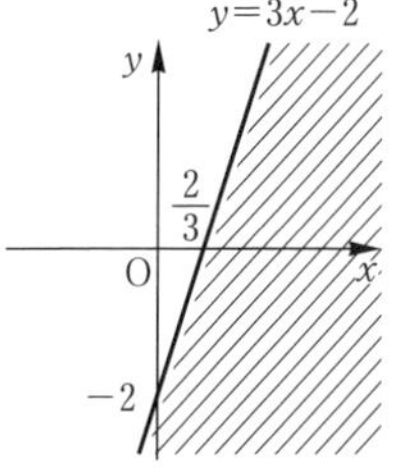

境界線は含まない。

(2)

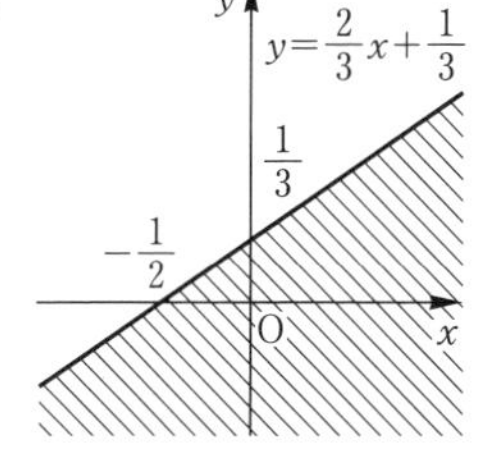

境界線を含む。

(3)

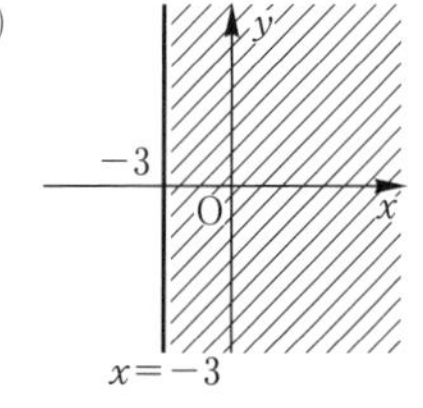

境界線は含まない。

(4)

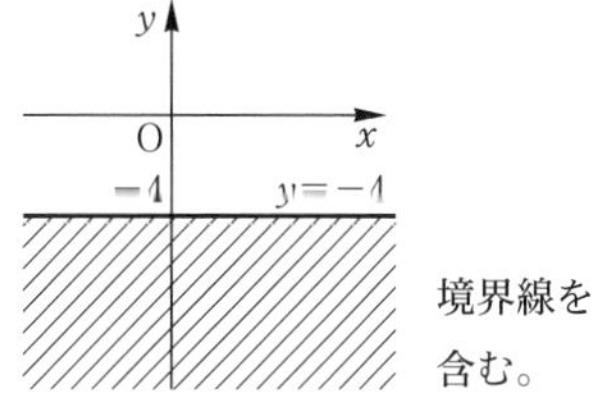

境界線を含む。

215 (1)

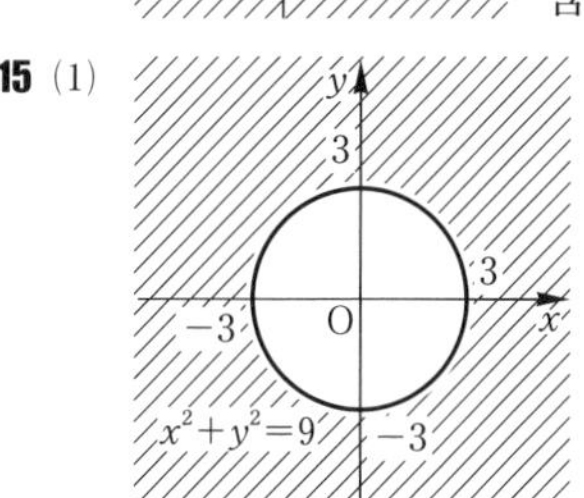

境界線は含まない。

(2)

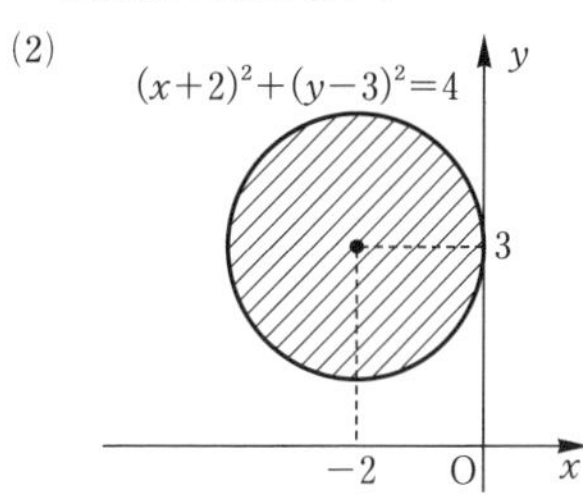

境界線を含む。

(3)

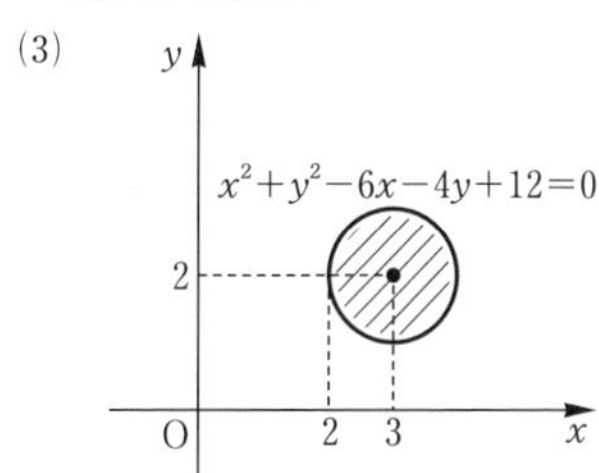

境界線は含まない。

(4)

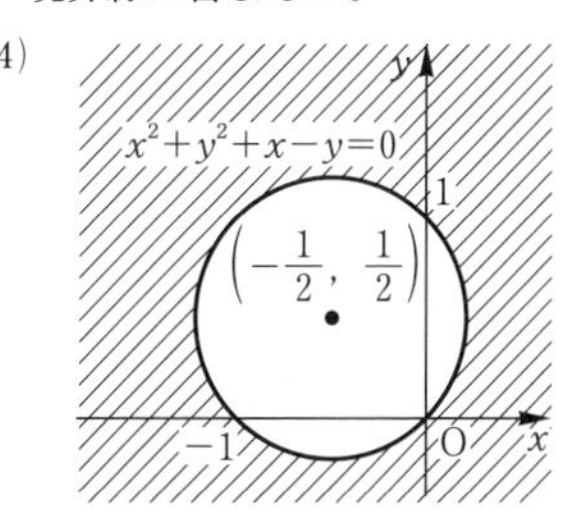

境界線を含む。

216 (1)

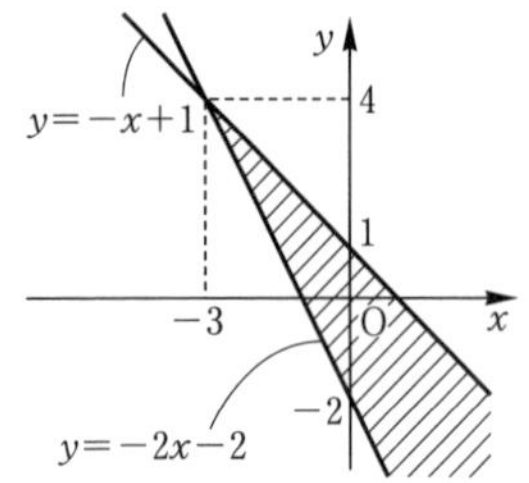

境界線を含む。

(2)

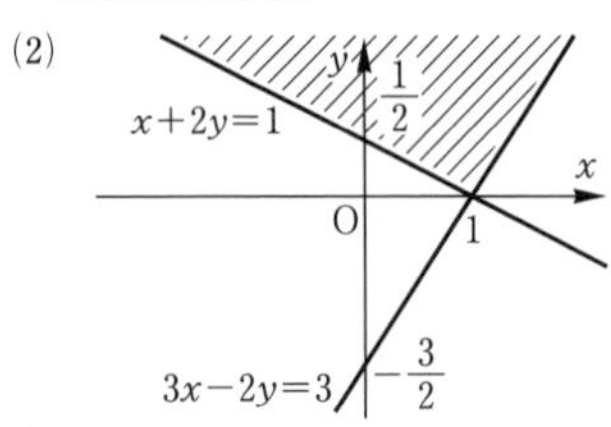

境界線は含まない。

217 (1)

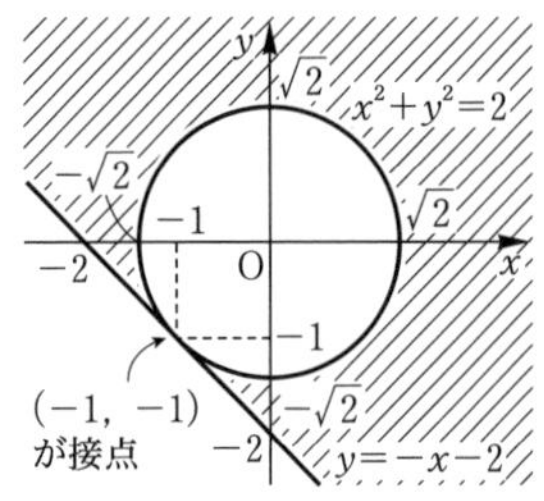

境界線は含まない。

(2)

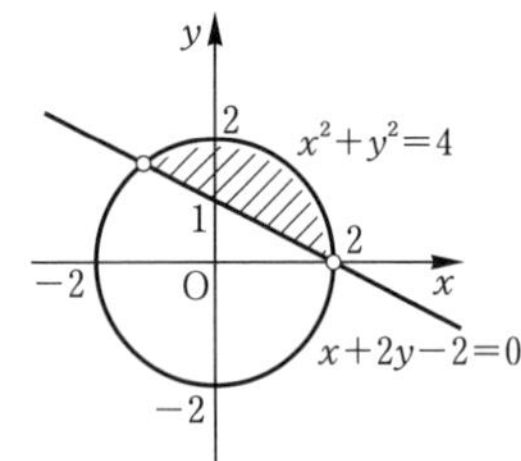

境界線は直線を含み,

円周と,円と直線の交点は含まない。

218 (1)

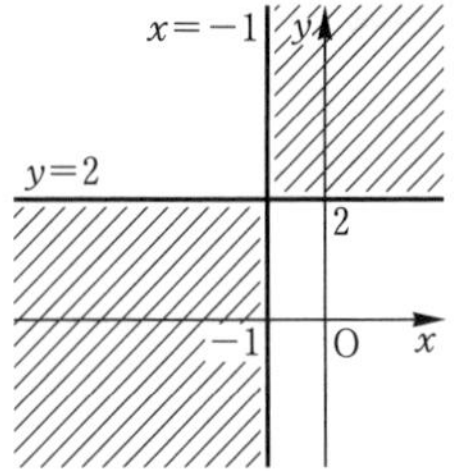

境界線は含まない。

(2)

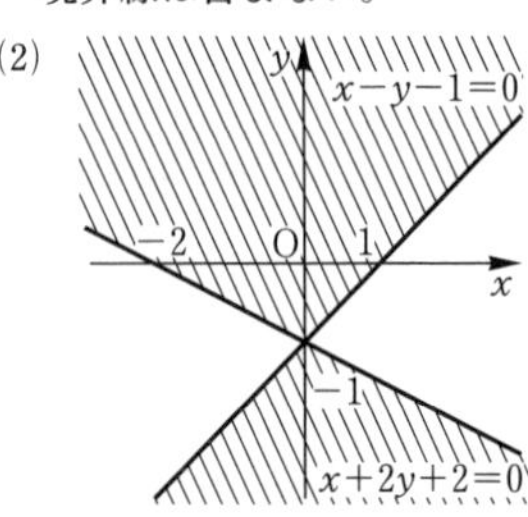

境界線を含む。

(3)

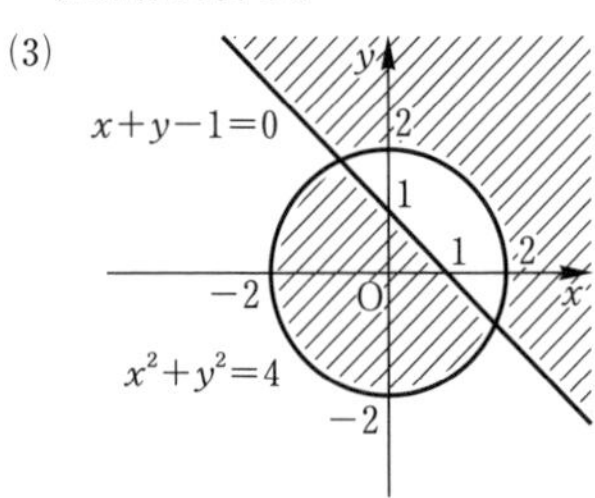

境界線は含まない。

219 最大値　4　($x=3,\ y=1$)

最小値　0　($x=0,\ y=0$)

220 略

221 (1) $\begin{cases} y>x+1 \\ x^2+y^2<4 \end{cases}$

(2) $\begin{cases} y<\dfrac{3}{2}x+3 \\ y<-\dfrac{3}{2}x+3 \\ y>0 \end{cases}$

(3) $\begin{cases} x^2+y^2<4 \\ x^2+(y-1)^2>1 \end{cases}$

222 (1) P が 2 kg, Q が 4 kg のとき, 10 万円

(2) P が 5 kg, Q が 1 kg のとき, 11 万円

223

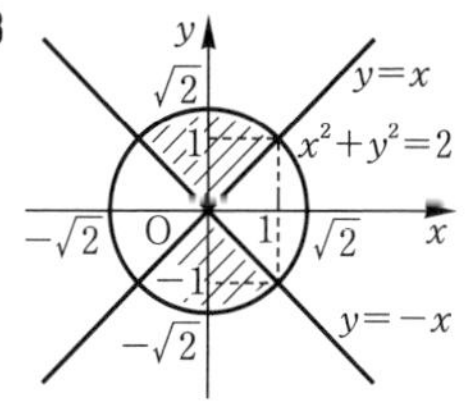

境界線は含まない。

224 (1)　$x=4$, $y=2$　のとき，最大値 6

$x=2$, $y=-2$　のとき，最小値 0

(2)　$x=4$, $y=2$　のとき，最大値 20

$x=\dfrac{6}{5}$, $y=\dfrac{2}{5}$　のとき，最小値 $\dfrac{8}{5}$

225 $x=3$, $y=2$　のとき，最大値 13

$x=0$, $y=-\sqrt{13}$　のとき，最小値 $-2\sqrt{13}$

226 (1)

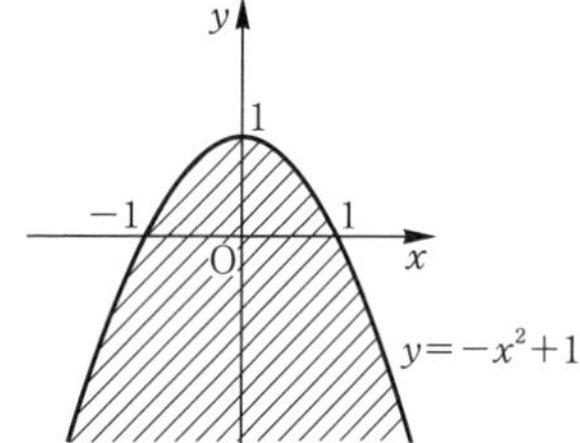

境界線を含む。

(2)

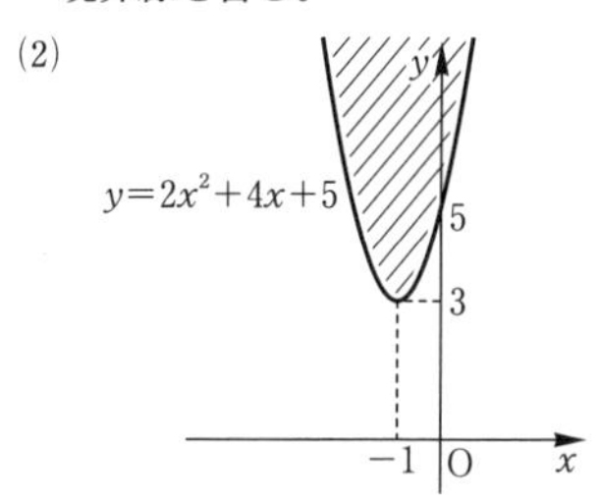

境界線は含まない。

(3)

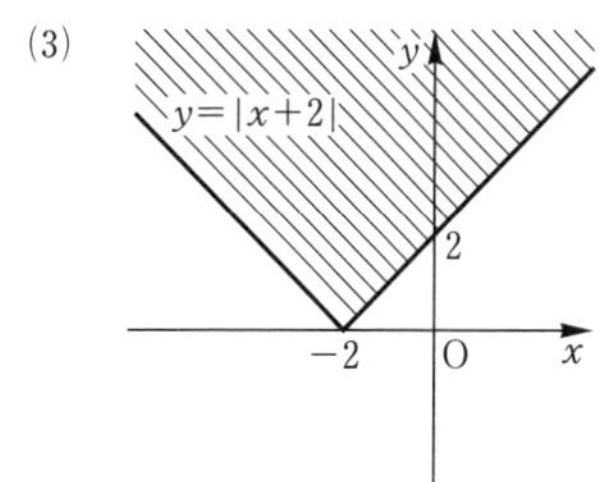

境界線を含む。

(4)

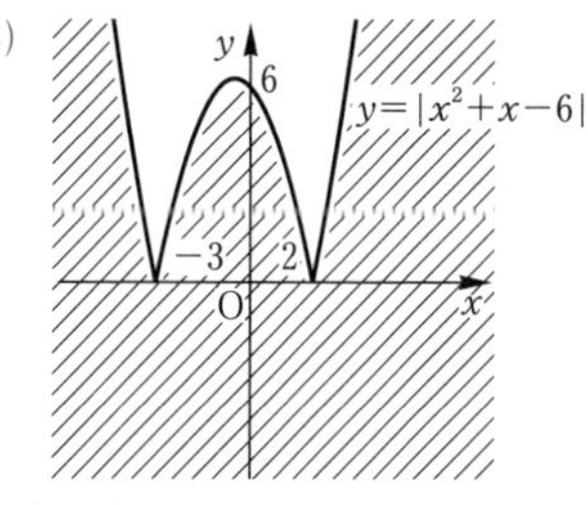

境界線は含まない。

227 (1)

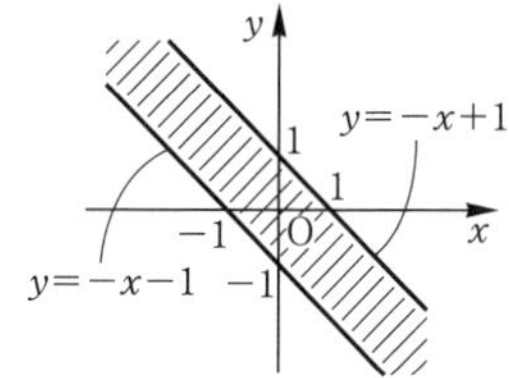

境界線は含まない。

(2)

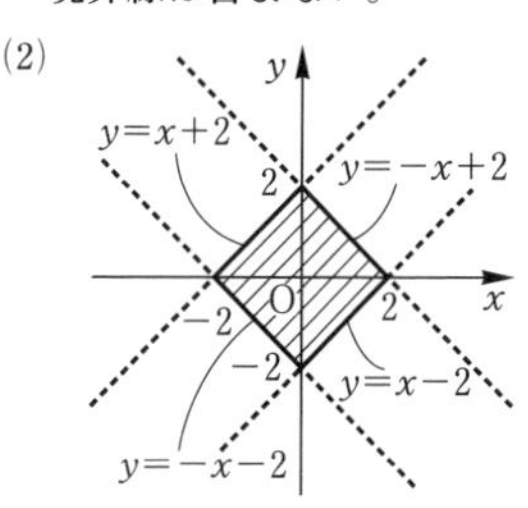

境界線を含む。

228

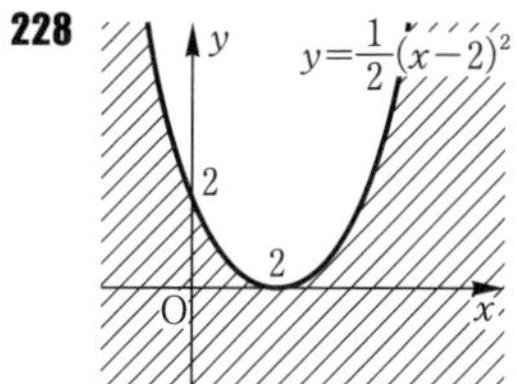

境界線を含む。

章末問題

229 (1)　$t=1$ のとき，最小値 $3\sqrt{5}$

(2)　$t=0$ のとき，最小値 23

230 (1)　A$(-1,\ 1)$, B$(-2,\ 4)$

(2)　$x^2+y^2-6x-8y=0$　　(3)　$(3,\ 9)$

231 (1)　$0<a<\dfrac{1}{2}$ のとき　$m=a$

$a\geqq\dfrac{1}{2}$ のとき　$m=\dfrac{\sqrt{4a-1}}{2}$　　(2)　略

232 (1) $m<-4$, $0<m$

(2) 放物線 $y=2x(x+1)$ の $x<-2$, $0<x$ の部分

233 $x+3y-15=0$

234

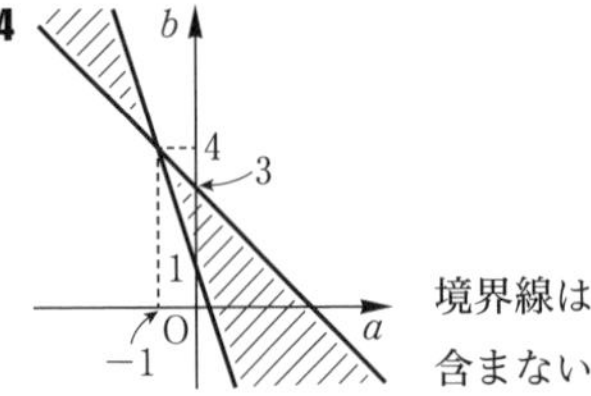

境界線は含まない。

235 最大値 1, 最小値 $-\frac{1}{7}$

236 (1) $a=3$

(2)

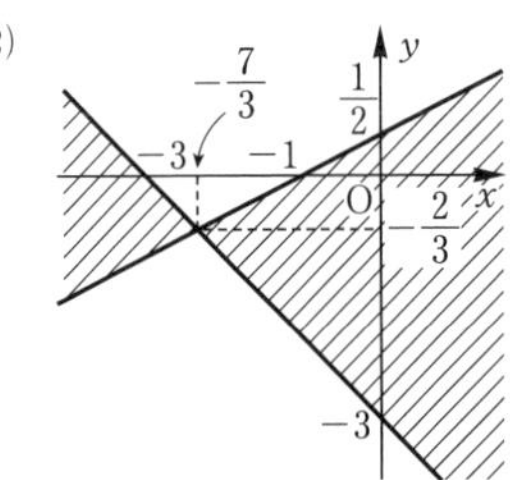

境界線を含む。

237

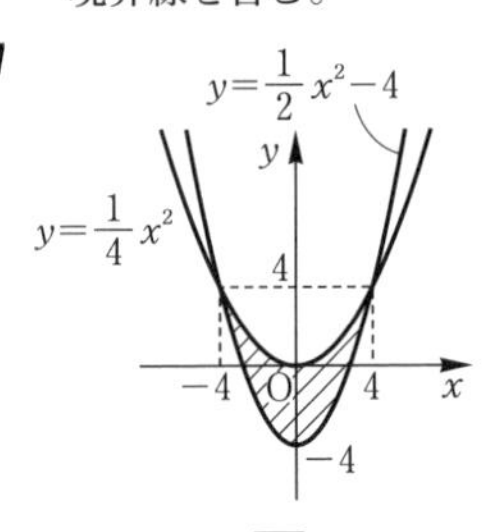

境界線を含む。

238 (1) (ア) $\sqrt{10}$ (イ) $2\sqrt{10}$

(ウ, エ) $1:2$

(オ, カ) $\left(-\frac{1}{3},\ -\frac{5}{3}\right)$

(キ, ク) $2x-1$

(2) (ケ, コ) $-3x+4$

(サ, シ) $\frac{1}{3}x+\frac{2}{3}$

(ス, セ) $-\frac{1}{2}x+\frac{3}{2}$

(3) ∠BAC の外角の二等分線

3章 三角関数

1節 三角関数

239 (1)

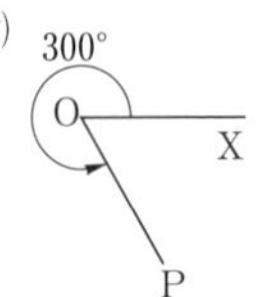

(2)

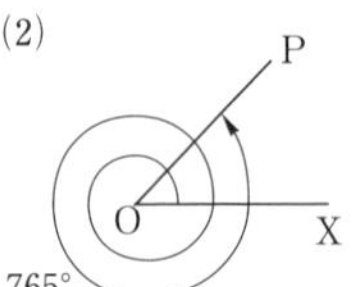

(3) O X −135° P

(4)

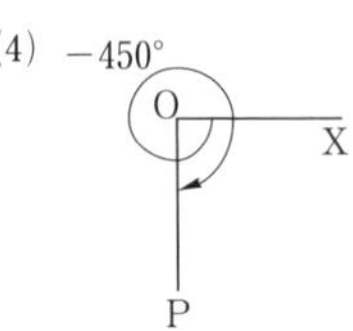

240 (1) $60°+360°\times n$ (2) $20°+360°\times n$

(3) $45°+360°\times n$ (4) $340°+360°\times n$

241 (1) 第 2 象限 (2) 第 4 象限

(3) 第 1 象限 (4) 第 3 象限

242 (1) 第 3 象限または第 4 象限

(2) 第 3 象限または第 4 象限

243 (1) $\frac{\pi}{3}$ (2) $\frac{5}{6}\pi$

(3) $\frac{11}{6}\pi$ (4) $\frac{5}{2}\pi$

(5) $30°$ (6) $120°$

(7) $-240°$ (8) $36°$

244 (1) $\frac{7}{4}\pi+2n\pi$ (2) $\frac{5}{3}\pi+2n\pi$

(3) $\frac{\pi}{6}+2n\pi$ (4) $\frac{\pi}{3}+2n\pi$

245 (1) 弧の長さ 2π, 面積 3π

(2) 弧の長さ $\frac{14}{3}\pi$, 面積 $\frac{28}{3}\pi$

246 (1) $\frac{5}{6}\pi$ (2) 3

247 $(9+9\sqrt{5})\pi$

248 半径 4, 中心角 2 のとき, 面積の最大値 16

249 (1) $\sin\frac{5}{4}\pi=-\frac{1}{\sqrt{2}}$, $\cos\frac{5}{4}\pi=-\frac{1}{\sqrt{2}}$,

$\tan\frac{5}{4}\pi=1$

(2) $\sin\left(-\frac{5}{6}\pi\right)=-\frac{1}{2}$, $\cos\left(-\frac{5}{6}\pi\right)=-\frac{\sqrt{3}}{2}$,

$\tan\left(-\frac{5}{6}\pi\right)=\frac{1}{\sqrt{3}}$

(3) $\sin\left(-\frac{10}{3}\pi\right)=\frac{\sqrt{3}}{2}$, $\cos\left(-\frac{10}{3}\pi\right)=-\frac{1}{2}$,

$\tan\left(-\frac{10}{3}\pi\right)=-\sqrt{3}$

(4) $\sin\frac{7}{2}\pi=-1$, $\cos\frac{7}{2}\pi=0$,

$\tan\frac{7}{2}\pi$ は定義されない。

250 (1) 第 4 象限 (2) 第 3 象限

251 (1) $\cos\theta=\frac{\sqrt{5}}{3}$, $\tan\theta=-\frac{2}{\sqrt{5}}$

(2) $\sin\theta=-\frac{5}{13}$, $\tan\theta=\frac{5}{12}$

252 $\sin\theta=-\frac{2}{\sqrt{5}}$, $\cos\theta=-\frac{1}{\sqrt{5}}$

253 (1) $\sin\theta\cos\theta=-\frac{4}{9}$,

$\sin^3\theta+\cos^3\theta=\frac{13}{27}$

(2) $\sin\theta\cos\theta=\frac{1}{4}$,

$\sin^3\theta-\cos^3\theta=-\frac{5\sqrt{2}}{8}$

254 (1) 略 (2) 略

255 (1) $\cos\theta=\frac{\sqrt{6}}{3}$, $\tan\theta=\frac{\sqrt{2}}{2}$

または $\cos\theta=-\frac{\sqrt{6}}{3}$, $\tan\theta=-\frac{\sqrt{2}}{2}$

(2) $\cos\theta=\frac{2}{3}$, $\sin\theta=\frac{\sqrt{5}}{3}$

または $\cos\theta=-\frac{2}{3}$, $\sin\theta=-\frac{\sqrt{5}}{3}$

256 (1) 略 (2) 略

257 (1) $\frac{1}{4}$ (2) $-\frac{\sqrt{6}}{2}$

258 $\frac{2}{3}\pi$

259 (1) 略 (2) 略

260 (1) $\frac{\sqrt{3}}{2}$ (2) 1 (3) $-\frac{\sqrt{3}}{2}$ (4) $\frac{\sqrt{3}}{2}$

(5) $-\sqrt{3}$ (6) 1 (7) $\frac{1}{\sqrt{2}}$ (8) $\frac{1}{\sqrt{3}}$

261 (1) $-a$ (2) $-b$ (3) b (4) $-\frac{b}{a}$

262 (1) 0 (2) 0 (3) $-2\sin\theta\cos\theta$

263 (1) 0 (2) -1

264 (1)

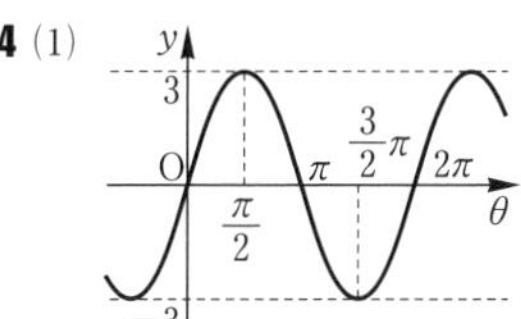

周期は 2π, 値域は $-3\leqq y\leqq 3$

(2)

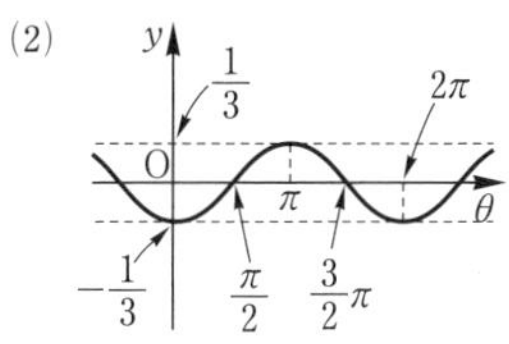

周期は 2π, 値域は $-\frac{1}{3}\leqq y\leqq\frac{1}{3}$

(3)

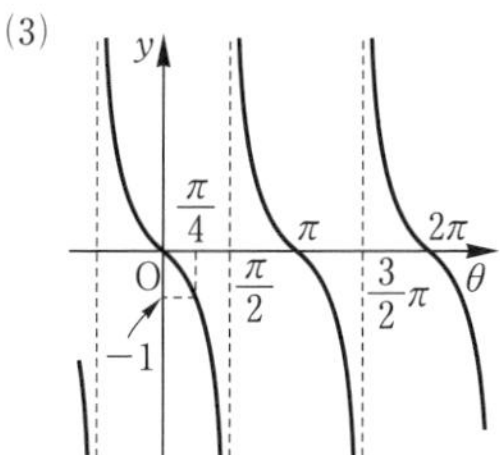

周期は π, 値域は実数全体

265 (1)

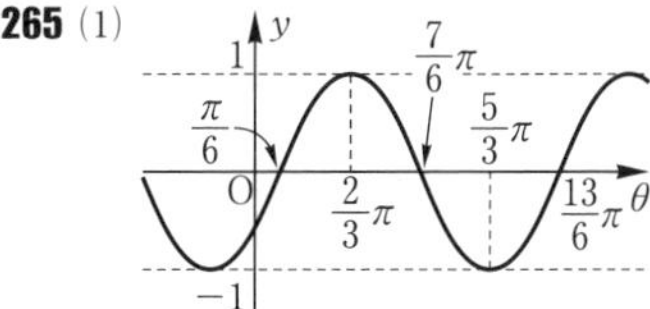

周期は 2π

(2)

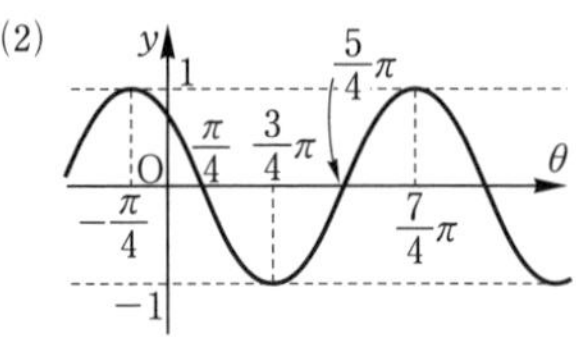

周期は 2π

(3)

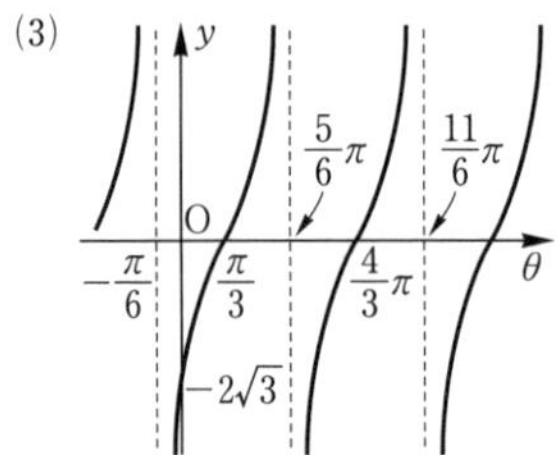

周期は π

266 (1)

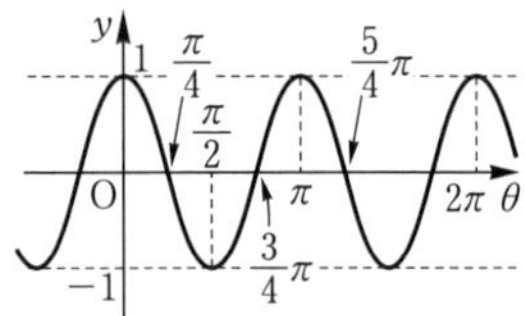

周期は π

(2)

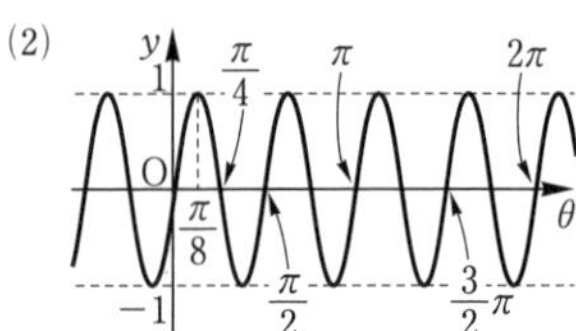

周期は $\frac{\pi}{2}$

(3)

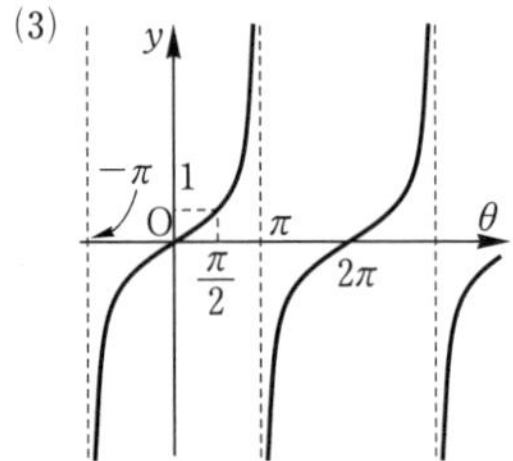

周期は 2π

(4)

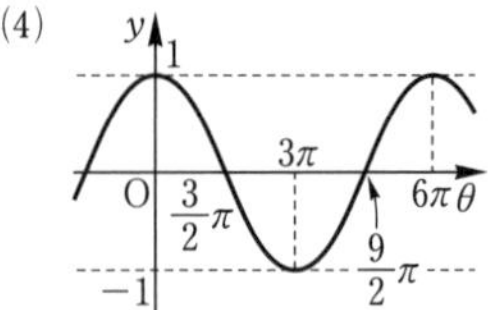

周期は 6π

267 (1)

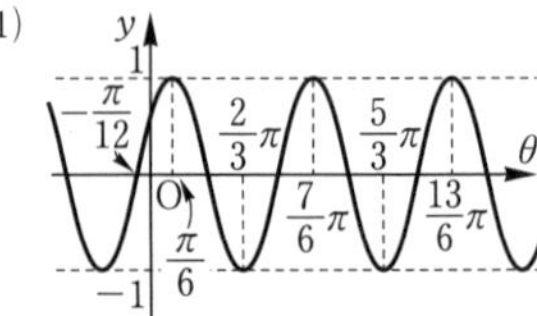

周期は π

(2)

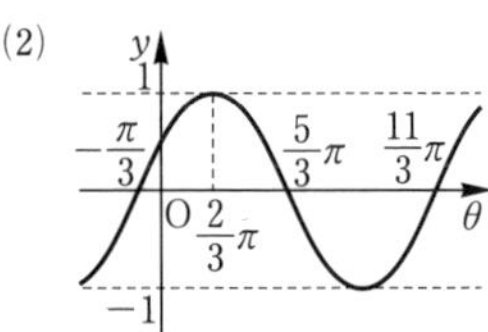

周期は 4π

(3)

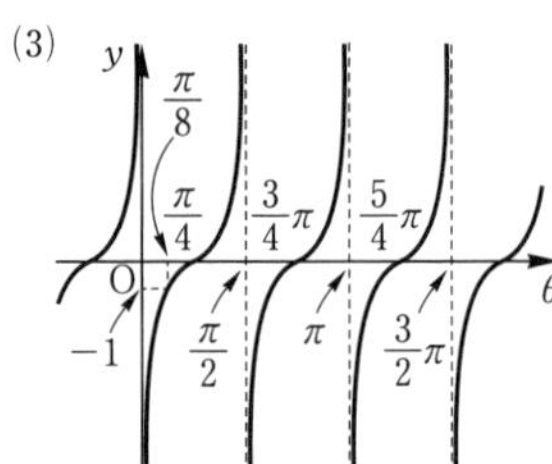

周期は $\frac{\pi}{2}$

268 (1)

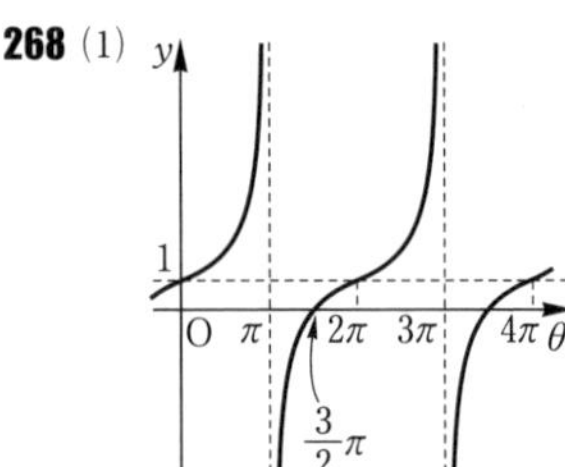

周期は 2π

(2)

周期は 4π

(3)

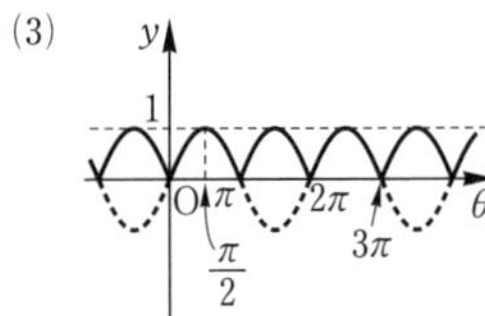

周期は π

269 $a=3,\ b=\frac{\pi}{2},\ A=2,\ B=-2,\ C=\frac{5}{6}\pi$

270 (1) $\theta=\pi$ のとき　最大値 $\frac{1}{2}$

$\theta=\frac{\pi}{3}$ のとき　最小値 -1

(2) $\theta=\frac{\pi}{2},\ \frac{3}{2}\pi$ のとき　最大値 0

$\theta=\pi$ のとき　最小値 -2

271 (1) $0\leqq\theta<2\pi$ のとき　$\theta=\frac{4}{3}\pi,\ \frac{5}{3}\pi$

θ の値の範囲に制限がないとき

$\theta=\frac{4}{3}\pi+2n\pi,\ \frac{5}{3}\pi+2n\pi$　(n は整数)

(2) $0\leqq\theta<2\pi$ のとき　$\theta=\pi$

θ の値の範囲に制限がないとき

$\theta=\pi+2n\pi$　(n は整数)

(3) $0\leqq\theta<2\pi$ のとき　$\theta=\frac{\pi}{4},\ \frac{5}{4}\pi$

θ の値の範囲に制限がないとき

$\theta=\frac{\pi}{4}+n\pi$　(n は整数)

(4) $0\leqq\theta<2\pi$ のとき　$\theta=\frac{\pi}{4},\ \frac{3}{4}\pi$

θ の値の範囲に制限がないとき

$\theta=\frac{\pi}{4}+2n\pi,\ \frac{3}{4}\pi+2n\pi$　(n は整数)

(5) $0\leqq\theta<2\pi$ のとき　$\theta=\frac{2}{3}\pi,\ \frac{4}{3}\pi$

θ の値の範囲に制限がないとき

$\theta=\frac{2}{3}\pi+2n\pi,\ \frac{4}{3}\pi+2n\pi$ (n は整数)

(6) $0\leqq\theta<2\pi$ のとき　$\theta=\frac{5}{6}\pi,\ \frac{11}{6}\pi$

θ の値の範囲に制限がないとき

$\theta=\frac{5}{6}\pi+n\pi$　(n は整数)

272 (1) $\frac{4}{3}\pi<\theta<\frac{5}{3}\pi$　(2) $\frac{\pi}{3}<\theta<\frac{5}{3}\pi$

(3) $\frac{5}{4}\pi\leqq\theta\leqq\frac{7}{4}\pi$

(4) $0\leqq\theta\leqq\frac{5}{6}\pi,\ \frac{7}{6}\pi\leqq\theta<2\pi$

(5) $0\leqq\theta<\frac{\pi}{2},\ \frac{\pi}{2}<\theta<\frac{7}{6}\pi,\ \frac{11}{6}\pi<\theta<2\pi$

(6) $\frac{\pi}{4}<\theta\leqq\frac{2}{3}\pi,\ \frac{4}{3}\pi\leqq\theta<\frac{7}{4}\pi$

273 (1) $0\leqq\theta<\frac{\pi}{3},\ \frac{\pi}{2}<\theta<\frac{4}{3}\pi,\ \frac{3}{2}\pi<\theta<2\pi$

(2) $0\leqq\theta<\frac{\pi}{2},\ \frac{3}{4}\pi\leqq\theta<\frac{3}{2}\pi,\ \frac{7}{4}\pi\leqq\theta<2\pi$

(3) $0\leqq\theta<\frac{\pi}{4},\ \frac{2}{3}\pi<\theta<\frac{5}{4}\pi,\ \frac{5}{3}\pi<\theta<2\pi$

274 (1) $\theta=\frac{\pi}{2}$ のとき　最大値 3

$\theta=\frac{3}{2}\pi$ のとき　最小値 -1

(2) $\theta=\frac{2}{3}\pi,\ \frac{4}{3}\pi$ のとき　最大値 $\frac{5}{4}$

$\theta=0$ のとき　最小値 -1

275 (1) $\theta=\frac{3}{8}\pi,\ \frac{5}{8}\pi,\ \frac{11}{8}\pi,\ \frac{13}{8}\pi$

(2) $\theta=\frac{\pi}{6},\ \frac{\pi}{2},\ \frac{7}{6}\pi,\ \frac{3}{2}\pi$

(3) $\theta=\frac{3}{4}\pi,\ \frac{7}{4}\pi$

(4) $0\leqq\theta<\frac{\pi}{6},\ \frac{\pi}{2}<\theta<2\pi$

(5) $0 \leqq \theta < \frac{5}{24}\pi$, $\frac{23}{24}\pi < \theta < \frac{29}{24}\pi$,

$\frac{47}{24}\pi < \theta < 2\pi$

(6) $\frac{5}{24}\pi < \theta < \frac{3}{8}\pi$, $\frac{17}{24}\pi < \theta < \frac{7}{8}\pi$,

$\frac{29}{24}\pi < \theta < \frac{11}{8}\pi$, $\frac{41}{24} < \theta < \frac{15}{8}\pi$

276 (1) $\theta = \frac{\pi}{3}$, $\frac{\pi}{2}$, $\frac{3}{2}\pi$, $\frac{5}{3}\pi$

(2) $\theta = \frac{\pi}{4}$, π, $\frac{7}{4}\pi$

(3) $\theta = \frac{\pi}{3}$, $\frac{5}{6}\pi$, $\frac{4}{3}\pi$, $\frac{11}{6}\pi$

(4) $\frac{\pi}{6} < \theta < \frac{5}{6}\pi$

(5) $\frac{\pi}{3} < \theta < \pi$, $\pi < \theta < \frac{5}{3}\pi$

(6) $0 < \theta < \frac{\pi}{2}$, $\pi < \theta < \frac{3}{2}\pi$

2節 加法定理

277 (1) $\frac{\sqrt{2}-\sqrt{6}}{4}$ (2) $\frac{\sqrt{6}-\sqrt{2}}{4}$

(3) $\frac{\sqrt{2}-\sqrt{6}}{4}$ (4) $\frac{\sqrt{6}+\sqrt{2}}{4}$

278 (1) $\frac{3\sqrt{7}-12}{20}$ (2) $\frac{9-4\sqrt{7}}{20}$

279 (1) $-2+\sqrt{3}$ (2) $2-\sqrt{3}$

280 (1) 1 (2) $\frac{\pi}{4}$

281 (1) $\frac{\pi}{4}$ (2) $\frac{\pi}{3}$

282 (1) $\frac{\sqrt{6}+\sqrt{2}}{4}$ (2) $-\frac{\sqrt{6}+\sqrt{2}}{4}$

(3) $2+\sqrt{3}$

283 (1) 0 (2) 1 (3) 0

284 $m=2$

285 (1) 略 (2) 略

286 $\frac{7}{\sqrt{15}}$

287 (1) $-\frac{6}{7}$ (2) $\frac{5}{4}\pi$

288 $\frac{3}{8}$

289 -2

290 (1) $-\frac{4\sqrt{2}}{9}$ (2) $\frac{7}{9}$ (3) $-\frac{4\sqrt{2}}{7}$

291 (1) $\frac{117}{125}$ (2) $-\frac{44}{125}$

292 (1) $\frac{\sqrt{2-\sqrt{3}}}{2}\left(=\frac{\sqrt{6}-\sqrt{2}}{4}\right)$

(2) $\frac{\sqrt{2+\sqrt{3}}}{2}\left(=\frac{\sqrt{6}+\sqrt{2}}{4}\right)$

(3) $2-\sqrt{3}$

293 (1) $\frac{\sqrt{10}}{4}$ (2) $-\frac{\sqrt{6}}{4}$ (3) $-\frac{\sqrt{15}}{3}$

294 (1) $\theta = \frac{\pi}{2}$, $\frac{7}{6}\pi$, $\frac{11}{6}\pi$

(2) $\theta = \frac{\pi}{6}$, $\frac{\pi}{2}$, $\frac{5}{6}\pi$, $\frac{3}{2}\pi$

(3) $0 \leqq \theta < \frac{\pi}{2}$, $\frac{\pi}{2} < \theta < \frac{7}{6}\pi$, $\frac{11}{6}\pi < \theta < 2\pi$

(4) $\frac{\pi}{2} < \theta < \frac{2}{3}\pi$, $\frac{4}{3}\pi < \theta < \frac{3}{2}\pi$

295 (1) $-\frac{4}{3}$ (2) $-\frac{3}{5}$ (3) $\frac{4}{5}$

296 (1) 略 (2) 略

297 $\theta = \frac{7}{6}\pi$, $\frac{11}{6}\pi$ のとき 最大値 $\frac{3}{2}$

$\theta = \frac{\pi}{2}$ のとき 最小値 -3

298 $-\frac{9}{8} \leqq a \leqq 2$

299 (1)

y, 1, $\frac{1}{2}$, O, $\frac{\pi}{4}$, $\frac{\pi}{2}$, $\frac{3}{4}\pi$, π, θ

(2)
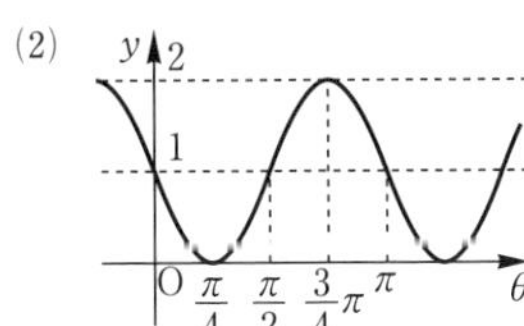

300 (1) $\theta=\frac{\pi}{4},\ \frac{5}{4}\pi$

(2) $\theta=\frac{\pi}{4},\ \frac{\pi}{2},\ \frac{5}{4}\pi$

(3) $\frac{\pi}{4}<\theta<\frac{\pi}{2},\ \frac{3}{4}\pi<\theta<\frac{3}{2}\pi$

(4) $0\leqq\theta\leqq\frac{2}{3}\pi,\ \frac{4}{3}\pi\leqq\theta<2\pi$

301 (1) $\sqrt{2}\sin\left(\theta+\frac{\pi}{4}\right)$　(2) $2\sin\left(\theta-\frac{\pi}{6}\right)$

(3) $\sin\left(\theta-\frac{\pi}{3}\right)$　(4) $\sqrt{2}\sin\left(\theta+\frac{3}{4}\pi\right)$

302 (1) $\sqrt{5}\sin(\theta+\alpha)$

ただし，$\cos\alpha=\frac{1}{\sqrt{5}},\ \sin\alpha=\frac{2}{\sqrt{5}}$

(2) $3\sin(\theta+\alpha)$

ただし，$\cos\alpha=\frac{2}{3},\ \sin\alpha=-\frac{\sqrt{5}}{3}$

303 (1) 最大値 2，最小値 -2

(2) 最大値 $\sqrt{13}$，最小値 $-\sqrt{13}$

304 (1) $\theta=0,\ \frac{\pi}{3}$　(2) $0<\theta<\frac{\pi}{3}$

305 (1) $\sqrt{2}$　(2) $-\frac{\sqrt{2}}{2}$

306 (1) $\theta=\frac{3}{8}\pi$ のとき　最大値 $\sqrt{2}+1$

$\theta=\frac{7}{8}\pi$ のとき　最小値 $-\sqrt{2}+1$

(2) $\theta=\frac{\pi}{3}$ のとき　最大値 2

$\theta=\pi$ のとき　最小値 1

307 (1) $\theta=\frac{\pi}{4},\ \frac{7}{12}\pi,\ \frac{5}{4}\pi,\ \frac{19}{12}\pi$

(2) $\frac{\pi}{12}<\theta<\frac{\pi}{6},\ \frac{\pi}{2}<\theta<\frac{7}{12}\pi$

308 $\theta=\frac{\pi}{4}$ のとき　最大値 $5\sqrt{2}$

309 最大値 $\sqrt{2}+\frac{1}{3}$，最小値 -1

310 最大値 $2\sqrt{2}-1$，最小値 $-2\sqrt{2}-1$

311 (1) $\frac{1}{2}(\sin 7\theta-\sin 3\theta)$

(2) $\frac{1}{2}(\sin 4\theta+\sin 2\theta)$

(3) $-\frac{1}{2}(\cos 10\theta-\cos 4\theta)$

(4) $\frac{1}{2}(\cos 5\theta+\cos 3\theta)$

312 (1) $\frac{1+\sqrt{3}}{4}$　(2) $\frac{2+\sqrt{3}}{4}$

(3) $\frac{\sqrt{3}-2}{4}$　(4) $\frac{\sqrt{3}-\sqrt{2}}{4}$

313 (1) $2\sin 3\theta\cos\theta$　(2) $2\cos 3\theta\sin 2\theta$

(3) $2\cos 5\theta\cos 2\theta$　(4) $2\sin 4\theta\sin\theta$

314 (1) $\frac{\sqrt{6}}{2}$　(2) $-\frac{\sqrt{6}}{2}$

(3) $-\frac{\sqrt{2}}{2}$　(4) $-\frac{\sqrt{2}}{2}$

315 (1) $\theta=0,\ \frac{2}{3}\pi,\ \pi,\ \frac{4}{3}\pi$

(2) $\theta=0,\ \frac{\pi}{3},\ \frac{2}{3}\pi,\ \pi,\ \frac{4}{3}\pi,\ \frac{5}{3}\pi$

章末問題

316 $2\cos\left(\theta+\frac{\pi}{3}\right)$

317 2

318 (1) 略　(2) 略

319 略

320 $\frac{\pi}{2}$

321 $\tan\theta=\frac{1}{3},\ \tan 2\theta=\frac{3}{4}$

または　$\tan\theta=3,\ \tan 2\theta=-\frac{3}{4}$

322 (1) $\frac{\sqrt{5}}{2}$　(2) $\pm\frac{\sqrt{3}}{2}$

(3) $\sin\theta=\dfrac{\sqrt{5}+\sqrt{3}}{4}$, $\cos\theta=-\dfrac{\sqrt{5}-\sqrt{3}}{4}$

または

$\sin\theta=\dfrac{\sqrt{5}-\sqrt{3}}{4}$, $\cos\theta=-\dfrac{\sqrt{5}+\sqrt{3}}{4}$

323 $\sin 2\theta=\dfrac{2}{3}$, $\cos 2\theta=\dfrac{\sqrt{5}}{3}$, $\tan 2\theta=\dfrac{2}{\sqrt{5}}$

または

$\sin 2\theta=\dfrac{2}{3}$, $\cos 2\theta=-\dfrac{\sqrt{5}}{3}$,

$\tan 2\theta=-\dfrac{2}{\sqrt{5}}$

324 (1) $\theta=\dfrac{\pi}{2}$, $\dfrac{5}{6}\pi$, $\dfrac{3}{2}\pi$, $\dfrac{11}{6}\pi$

(2) $\dfrac{\pi}{4}\leqq\theta\leqq\dfrac{5}{4}\pi$

325 $\dfrac{\pi}{6}<\theta<\dfrac{5}{6}\pi$, $\dfrac{7}{6}\pi<\theta<\dfrac{11}{6}\pi$

326 $-3<k<1$, $k=\dfrac{3}{2}$

327 $a<-1$ のとき $2a+\dfrac{1}{2}$,

$-1\leqq a\leqq 0$ のとき $-a^2-\dfrac{1}{2}$,

$a>0$ のとき $-\dfrac{1}{2}$

328 $a=2\sqrt{3}$, $b=2$

329 6 m

330 (1) $\dfrac{5\sqrt{6}}{12}$ (2) $\dfrac{4\sqrt{3}+3\sqrt{6}}{12}$

331 (1) 1

(2) $\angle\mathrm{AA'B}=120^\circ-\theta$,

$\mathrm{AA'}=\dfrac{\sqrt{3}}{2\sin(120^\circ-\theta)}$

(3) $\theta=15^\circ$ のとき，最小値 $2\sqrt{3}-3$

332 $\sin 4<\sin 0<\sin 3<\sin 1<\sin 2$

4章 指数関数・対数関数

1節 指数関数

333 (1) 1 (2) $\dfrac{1}{4}$ (3) $\dfrac{1}{9}$ (4) $-\dfrac{1}{216}$

334 (1) a^3 (2) a^2 (3) $\dfrac{1}{a^8}$

(4) $\dfrac{a^3}{b^6}$ (5) $\dfrac{1}{a^6b^2}$ (6) 1

335 (1) 9 (2) $\dfrac{1}{49}$

(3) 1000000000 (4) 1024

336 (1) 2 (2) -3 (3) 9 (4) 0.1

337 (1) 3 (2) 2 (3) 25

(4) 7 (5) $\sqrt{6}$ (6) $\dfrac{5}{3}$

338 (1) 32 (2) $\dfrac{1}{81}$ (3) $\dfrac{4}{9}$ (4) $\dfrac{10}{3}$

339 (1) $a^{\frac{3}{4}}$ (2) $a^{-\frac{2}{5}}$

(3) $a^{-\frac{1}{6}}$ (4) $a^{\frac{5}{3}}$

340 (1) 1 (2) 64

(3) $\dfrac{1}{a}$ (4) ab^5

341 (1) 1 (2) 81

342 (1) ± 3 (2) -6

343 (1) $\dfrac{1}{3}$ (2) $5\sqrt{3}$

344 (1) $a+b$ (2) $a+a^{\frac{1}{2}}b^{\frac{1}{2}}+b$

345 (1)(2)

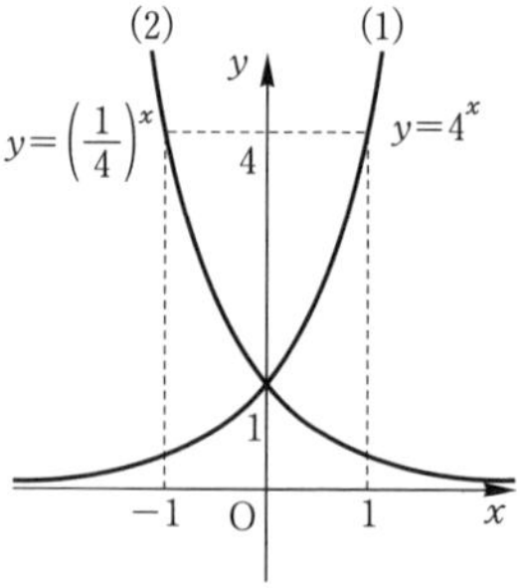

(3)(4)

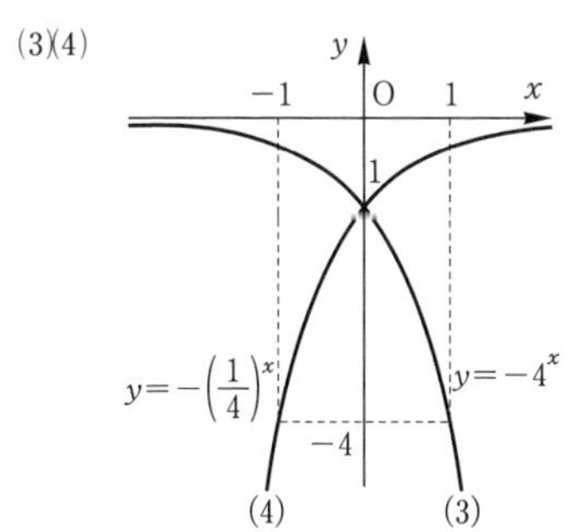

346 (1) $\sqrt[7]{512}<\sqrt[3]{16}<\sqrt[5]{128}$
(2) $\sqrt[6]{0.3^5}<\sqrt[5]{0.3^4}<\sqrt[4]{0.3^3}<1$

347 (1) $x=\frac{5}{2}$ (2) $x=\frac{1}{2}$ (3) $x=2$

348 (1) $x>-5$ (2) $x\geqq-1$ (3) $x>\frac{3}{2}$

349 (1) $x=0,\ 2$ (2) $x=-1$
(3) $x=1$ (4) $x=-2$

350 (1) $0\leqq x\leqq 1$ (2) $x>\frac{1}{2}$

351 (1) $x=-\frac{1}{2}$ (2) $x=-2,\ 1$
(3) $0\leqq x\leqq 2$ (4) $x\leqq-\frac{1}{5}$

352 (1) $x=\frac{1}{2},\ -1$ (2) $x\leqq 0,\ 1\leqq x$

353 $x=3$

354 (1) 18 (2) $2\sqrt{5}$ (3) 76

355 (1) $\frac{8}{3}$ (2) $\frac{13}{3}$

356 (1) $\sqrt[3]{11}<\sqrt{5}<\sqrt[6]{130}$
(2) $2^{40}<5^{20}<3^{30}$

357 (1) $x=2$ のとき　最小値 -36
最大値はない
(2) $x=0$ のとき　最大値 3
$x=2$ のとき　最小値 -6

358 (1) $y=-t^2+8t-4$ (2) $t\geqq 2$
(3) $3^x=2\pm\sqrt{3}$ のとき　最大値 12

2節　対数関数

359 (1) $5=\log_3 243$ (2) $-3=\log_5\frac{1}{125}$
(3) $\frac{2}{3}=\log_{64}16$ (4) $-\frac{3}{7}=\log_{128}\frac{1}{8}$
(5) $0=\log_{0.3}1$ (6) $0.5=\log_9 3$

360 (1) $10^4=10000$ (2) $\left(\frac{1}{3}\right)^{-\frac{1}{2}}=\sqrt{3}$
(3) $(\sqrt{2})^8=16$

361 (1) 9 (2) −4 (3) $\frac{3}{4}$ (4) 0

362 (1) $\frac{1}{2}$ (2) $\frac{5}{4}$ (3) −2

363 (1) 2 (2) 1 (3) 2 (4) −3

364 (1) 1 (2) $\frac{5}{2}$ (3) 3
(4) 2 (5) 1 (6) 3

365 (1) $3a+2b$ (2) $\frac{4}{3}a-\frac{4}{3}b$
(3) $\frac{1}{2}-\frac{a}{2}$

366 (1) $\frac{5}{3}$ (2) −2 (3) 4
(4) $\frac{1}{2}$ (5) 0

367 (1) 略 (2) 略

368 (1) $p=\frac{5}{3}$ (2) $M=\frac{\sqrt{3}}{27}$ (3) $a=\frac{1}{3}$

369 (1) 2 (2) 4 (3) 3 (4) $\frac{29}{6}$

370 $\frac{2+ab}{a+ab}$

371 (1) $\frac{1}{4}$ (2) 5 (3) −2

372 (1) 10 (2) 3 (3) 2

373 $\frac{3+\sqrt{5}}{2}$

374 略

375 $a=1000$

4

376 (1)(2)

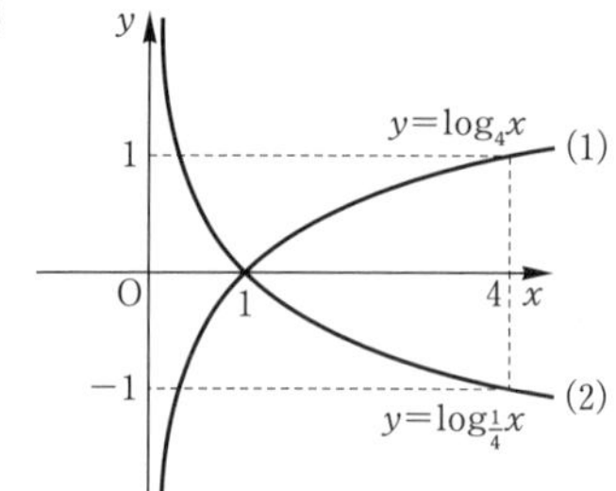

(3)(4)

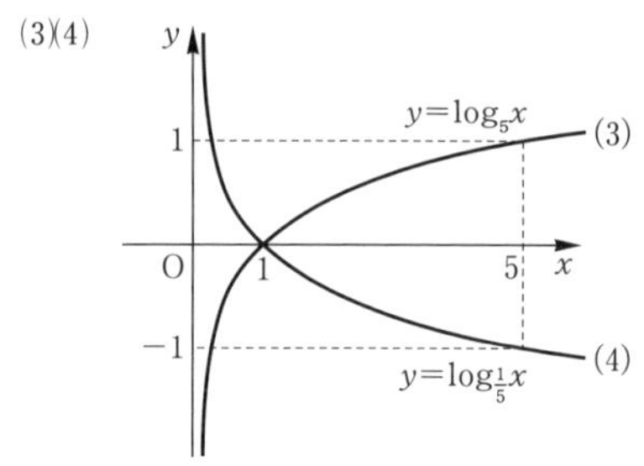

377 (1)　$2\log_6\sqrt{3}<\log_6 5<1$

(2)　$\frac{5}{2}\log_{\frac{1}{3}}4<3\log_{\frac{1}{3}}3<2\log_{\frac{1}{3}}5$

378 (1)　$x=4$　　(2)　$x=1$　　(3)　$x=66$

379 (1)　$x>2$　　(2)　$4<x<13$

(3)　$-1<x\leqq 7$

380 (1)　$x=2$　　(2)　$x=3$　　(3)　$x=11$

381 (1)　$x>4$　　(2)　$1<x<3$

(3)　$3<x\leqq 5$

382 $x=2$ のとき　最大値 4

$x=8$ のとき　最小値 0

383 $x=\pm 4$

384 (1)　$\log_2 7<\log_4 50<\log_{\sqrt{2}}3$

(2)　$\log_{\frac{1}{27}}65<\log_{\frac{1}{3}}4<\log_{\frac{1}{9}}15$

(3)　$\log_{\frac{1}{3}}4<\log_3 4<\log_2 4$

(4)　$\log_9 25<1.5<\log_4 9$

385 $\log_a\frac{a}{b}<\log_b\frac{b}{a}<\log_b a<\log_a b$

386 $x=\frac{1}{2}$ のとき　最大値 -2

最小値はない

387 $x=2$ のとき　最大値 2

388 $x=2\sqrt{2}$ のとき　最大値 $\frac{1}{2}$

$x=1$ のとき　最小値 -4

389 $\frac{1}{27}<x<\frac{1}{3}$

390 (1)　$x=9$　　(2)　$0<x<2$

391 (1)　$x=\frac{1}{4},\ 2\sqrt{2}$

(2)　$0<x\leqq\sqrt[3]{3},\ 27\leqq x$

392 $a>1$ のとき　$1<x<2$

$0<a<1$ のとき　$2<x<3$

393 (1)　$x=\frac{1}{2-\log_{10}5}$　　(2)　$x=\frac{\log_3 4}{2-\log_3 4}$

394 (1)　0.7348　　(2)　2.7348

(3)　1.3802　　(4)　−0.0339

395 (1)　0.7781　　(2)　1.3801

(3)　0.6990　　(4)　3.322

396 (1)　10 桁　　(2)　8 桁

397 (1)　小数第 8 位　　(2)　小数第 31 位

398 8 回以上

399 $6^{16}<18^{10}$

400 (1)　$n=12$　　(2)　$n=27$

401 (1)　$n=17$　　(2)　$n=8,\ 9$

402 (1)　5　　(2)　3

章末問題

403 (1)

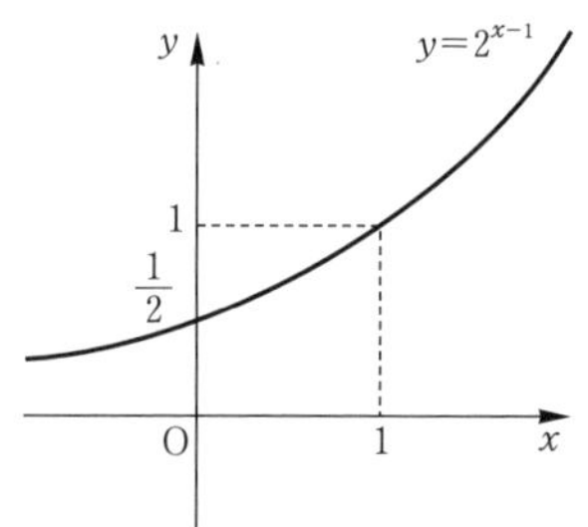

(2)

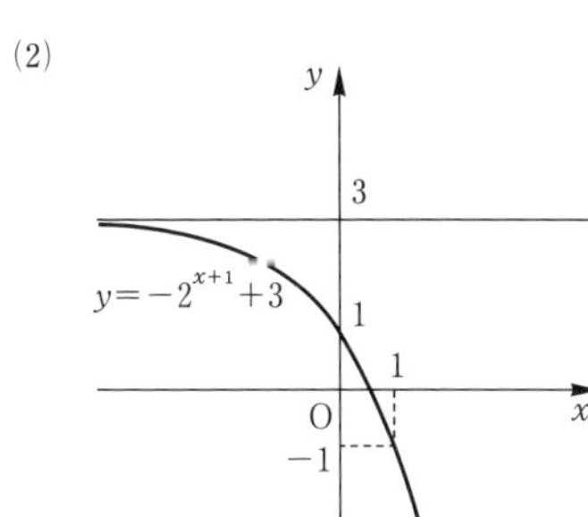

(3)

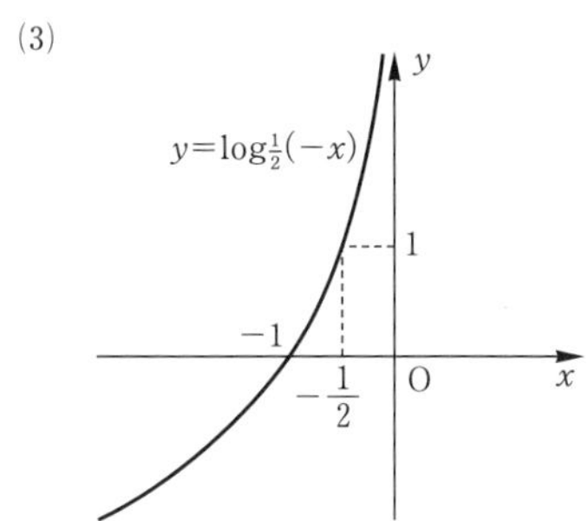

404 $x=-1,\ 1$

405 $3<a<5$

406 (1)　$x=3\sqrt{3},\ 3$　　(2)　$x=2^{\frac{1}{4}}$

407 (1)　$x>2$

(2)　$x<-1,\ 1<x$

408 $x=y=\sqrt{3}$ のとき　最小値 6

409 $\log_{10}x+\log_{10}y \leqq 3\log_{10}2$

410 (1)　$x=2,\ y=1$　　(2)　$x=1,\ y=3$

411 a は 5 桁，b は 8 桁

412

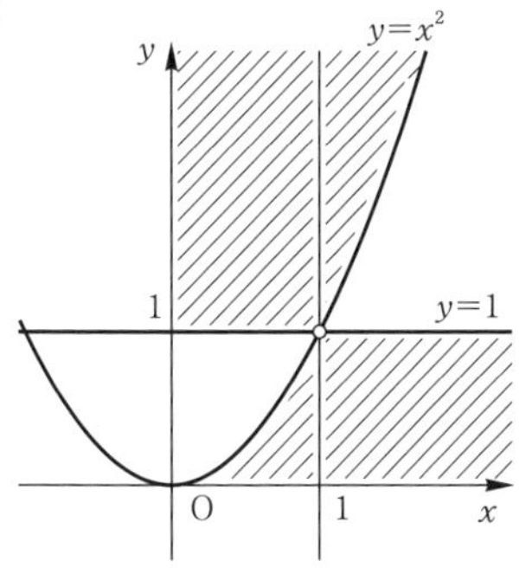

境界線は含まない。

413 (1)　略　　(2)　略

414 (1)　$p=1-\left(\dfrac{9}{10}\right)^n$　　(2)　$n=44$

415 ア：②　イ：③　ウ：①　エ：⓪

416 (1)　$z>\dfrac{1}{3}$

(2)　$K=z+\dfrac{1}{z}-\dfrac{1}{3}$

(3)　$x=1,\ y=\log_5 2$ のとき　最小値 $\dfrac{5}{3}$

417 誤りがある，$x=-1,\ 3$

5章　微分法と積分法

1節　微分係数と導関数

418 (1)　2　(2)　3　(3)　-3

(4)　a^2+ab+b^2

419 (1)　2　(2)　4

420 (1)　3　(2)　4　(3)　-2　(4)　-1

421 秒速 39.2 m

422 (1)　0　(2)　7

423 $a=3$, $b=-5$

424 (1)　3　(2)　-3　(3)　$\dfrac{1}{4}$　(4)　$5a$

425 $a=2$, $b=-3$

426 (1)　$m=2a+3$　(2)　$a=1$

427 (1)　3　(2)　3

428 (1)　$f'(x)=3$　(2)　$f'(x)=-6x$

(3)　$f'(x)=6x^2-1$　(4)　$f'(x)=0$

429 (1)　$y'=6x^5$　(2)　$y'=8x^7$

430 (1)　$y'=4x+3$　(2)　$y'=-2x-5$

(3)　$y'=9x^2-8x+2$　(4)　$y'=18x-12$

(5)　$y'=-4x-1$　(6)　$y'=3x^2-4$

(7)　$y'=3x^2-18x+27$　(8)　$y'=4x^3+4x$

431 (1)　0　(2)　-9　(3)　-9

432 $a=-2$

433 (1)　$\dfrac{dy}{dt}=10t-3$　(2)　$\dfrac{dS}{dr}=r\theta$

(3)　$\dfrac{dz}{dy}=2y+a$

434 $a=-3$, $b=2$

435 $a=1$

436 $f(x)=2x^3-3x^2+3x-2$

437 (1)　$f(x)=-x^2+3x+4$

(2)　$f(x)=x^2+x+1$

(3)　$f(x)=-x^3+2x^2-8$

438 (1)　4　(2)　0　(3)　2

439 (1)　$y=-x+2$　(2)　$y=3x+1$

(3)　$y=3x-1$

440 (2, 4)

441 $y=4x+3$

442 (1)　$y=-2x\quad 1$, $y=6x-25$

(2)　$y=-4x+9$, $y=-12x+33$

443 $a=1$, $b=-6$

444 (1)　$y=-2x$　(2)　$y=-4x-1$

(3)　$y=-1$

445 $a=1$, $b=-1$

446 (1)　$y=x+1$

(2)　$y=6x-8$, $y=-2x+8$

447 (1)　$y'=2(x-9)$　(2)　$y'=6(3x+8)$

(3)　$y'=15(5x+3)^2$　(4)　$y'=-12(5-3x)^3$

2節　微分法の応用

448 (1)　$x\leqq-2$, $4\leqq x$ で増加

$-2\leqq x\leqq 4$ で減少

(2)　$x\leqq-1$, $2\leqq x$ で増加

$-1\leqq x\leqq 2$ で減少

(3)　$x\leqq-1$, $1\leqq x$ で増加

$-1\leqq x\leqq 1$ で減少

(4)　$0\leqq x\leqq\dfrac{8}{3}$ で増加

$x\leqq 0$, $\dfrac{8}{3}\leqq x$ で減少

449 (1)　$x=-1$ のとき　極大値 10

$x=3$ のとき　極小値 -22

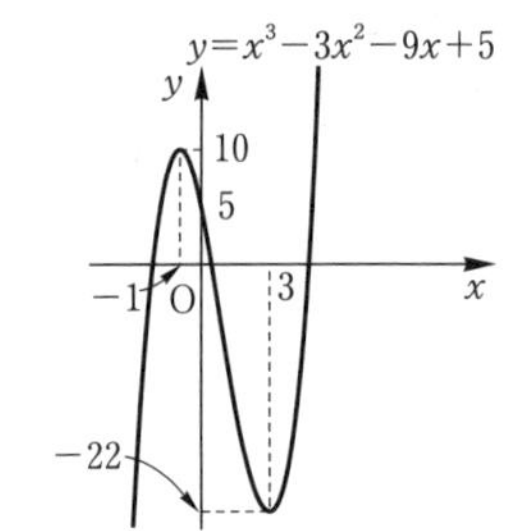

(2)　$x=2$ のとき　極大値 0

$x=0$ のとき　極小値 -4

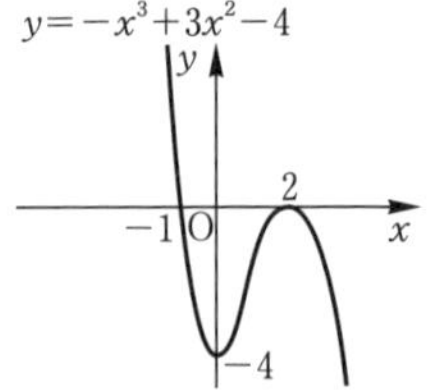

450 (1)　つねに増加し，極値をもたない。

(2)　つねに減少し，極値をもたない。

451 $a=3$，$b=-9$，

$x=-3$ のとき 極大値 20

452 $a=-12$

453 (1)　略　　(2)　略

454 $a=0$，$b=-12$，

$x=-2$ のとき　極大値 20

$x=2$ のとき　極小値 -12

455 $a=0$，$b=-3$，$c=8$，

$x=-1$ のとき 極大値 10

456 (1)　$a<-1$，$4<a$　　(2)　$0\leqq a\leqq 3$

457 $a\geqq 9$

458 (1)　$a\geqq 2$　　(2)　$a\leqq -2$

(3)　$a\leqq -2$，$2\leqq a$

(4)　$-2<a<0$，$0<a<2$

459 (1)　$x=4$ のとき　最大値 24

$x=0$ のとき　最小値 -8

(2)　$x=3$ のとき　最大値 33

$x=-2$，1 のとき　最小値 -7

(3)　$x=-2$ のとき　最大値 5

最小値はない

460 縦の長さ 4 cm のとき，体積の最大値 192 cm^3

461 (1)　$a=-4$　　(2)　最小値 -29

462 10 cm

463 $x=1$，$y=1$ のとき　最大値 1

$x=0$，$y=\frac{3}{2}$ または $x=3$，$y=0$ のとき

最小値 0

464 $a=-1$

465 $0<a<1$ のとき

$x=a$ で　最大値 a^3-6a^2+9a

$1\leqq a<4$ のとき

$x=1$ で　最大値 4

$a=4$ のとき

$x=1$，4 で　最大値 4

$4<a$ のとき

$x=a$ で　最大値 a^3-6a^2+9a

466 $a<\frac{1}{3}$ のとき　$x=1$ で最大値 $1-3a$

$a=\frac{1}{3}$ のとき　$x=0$，1 で最大値 0

$\frac{1}{3}<a$ のとき　$x=0$ で最大値 0

467 (1)　$h=12-4r$　　(2)　最大値 16π

468 (1)　2 個　　(2)　3 個　　(3)　1 個

469 略

470 $-18<a<\frac{14}{27}$

471 (1)　略　　(2)　略

472 $a<1$，$2<a$ のとき　1 個

$a=1$，2　のとき　2 個

$1<a<2$　のとき　3 個

473 $-2<a<0$

474 $0<a\leqq 2$

475 (1)　$x=0$　のとき　極大値 4

$x=-4$ のとき　極小値 -28

$x=1$　のとき　極小値 $\frac{13}{4}$

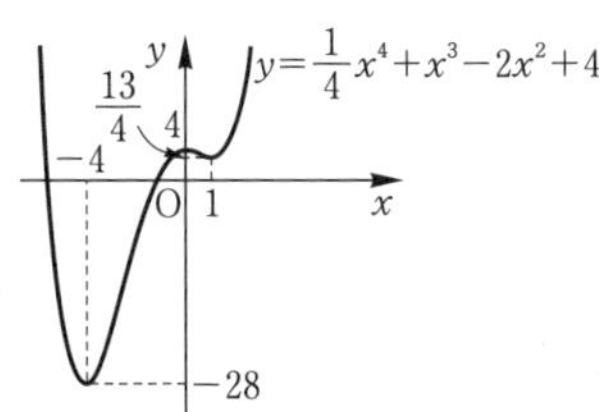

(2)　$x=-2$ のとき　極大値 8

$x=2$　のとき　極大値 8

$x=0$　のとき　極小値 -8

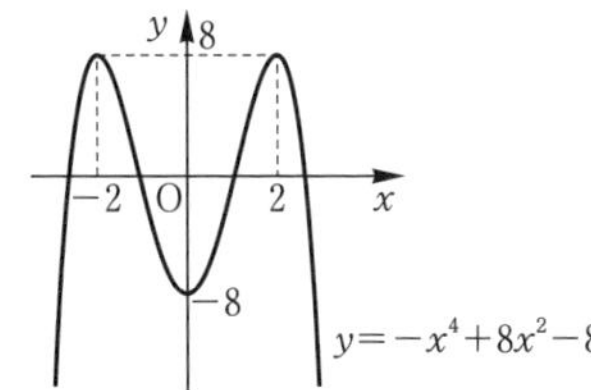

(3)　$x=2$ のとき　極小値 -4

極大値はない

5

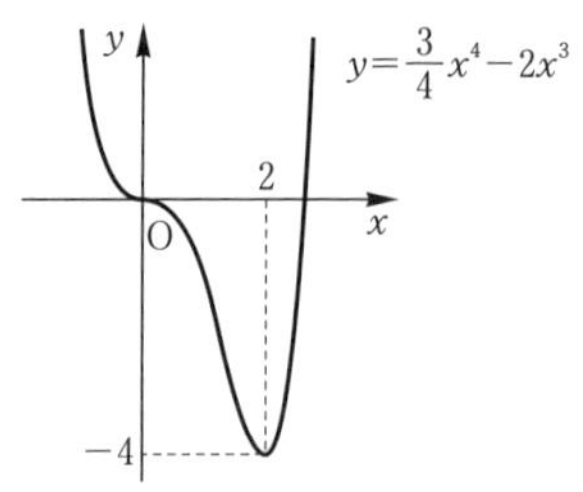

476 (1) $x=3$ のとき　最大値 38

$x=\frac{\sqrt{10}}{2}$ のとき　最小値 $-\frac{17}{4}$

(2) $x=2$ のとき　最大値 50

$x=0$ のとき　最小値 2

477 $a \geqq -24$

478 略，等号は $x=1$ のとき成り立つ

479 $a<-3$，$-3<a<-2$，$6<a$

3節　積分法

※以下，C は積分定数とする。

480 (1) $\frac{1}{5}x^5+C$　(2) $\frac{1}{7}x^7+C$

(3) $\frac{1}{8}x^8+C$

481 (1) $3x^2-4x+C$

(2) x^3+3x^2+4x+C

(3) $-5x+C$

(4) x^4-2x^2-x+C

(5) $-\frac{1}{2}x^4-x^3+x^2+x+C$

(6) $\frac{1}{5}x^5-\frac{1}{4}x^4+\frac{1}{3}x^3-\frac{1}{2}x^2+C$

482 (1) $\frac{1}{3}x^3-\frac{1}{2}x^2-6x+C$

(2) $\frac{1}{3}x^3-9x+C$

(3) $3x^3+6x^2+4x+C$

(4) $2x^3-\frac{5}{2}x^2-4x+C$

(5) $\frac{1}{4}t^4+2t^3+6t^2+8t+C$

(6) $\frac{1}{4}t^4+\frac{2}{3}t^3-\frac{1}{2}t^2-2t+C$

483 (1) $f(x)=3x^2-2x+1$

(2) $f(x)=-\frac{1}{3}x^3+2x^2+x-11$

484 $f(x)=-x^3+2x^2+2x-3$

485 (1) x^3+x+C　(2) $2x^2+C$

(3) $\frac{1}{2}x^2-3x+C$

486 (1) $a=-2$，$f(x)=x^2-2x+1$

(2) $a=-5$，$f(x)=x^3+5x^2+x-4$

487 $f(x)=x^3+x^2-5x+4$

488 (1) $\frac{3}{2}$　(2) -10　(3) 18

(4) $\frac{33}{4}$　(5) 6

(6) $-\frac{2}{3}$　(7) $-\frac{80}{3}$

489 (1) -9　(2) 126

(3) -36　(4) $-\frac{65}{4}$

490 (1) 2　(2) 72

491 (1) 20　(2) 0　(3) $\frac{4}{3}$　(4) $\frac{2}{3}$

492 (1) $f'(x)=-3x+2$　(2) $f'(x)=-x^2+1$

(3) $f'(x)=(x-2)(x+1)$

493 (1) $f(x)=2x-4$，$a=-2$，6

(2) $f(x)=6x-8$，$a=1$，$\frac{5}{3}$

494 (1) $f(x)=4x-8$　(2) $f(x)=6x^2-1$

495 (1) $f(x)=-2x-1$　(2) $f(x)=3x-8$

(3) $f(x)=3x^2+2x$

496 (1) $f(x)=4x+3$，$a=-5$

(2) $f(x)=-2x+4$，$a=4$

497 $f(x)=4x^2-6x-2$

498 3

499 (1) $f(x)=\frac{2}{5}x+\frac{1}{5}$

(2) $f(x)=x^2-\frac{14}{15}x-\frac{4}{5}$

500 (1) $x=-\frac{3}{2}$ のとき，極大

$x=\frac{1}{2}$ のとき，極小

(2) $x=0$ のとき，極大

$x=1$ のとき，極小

501 $x=-3$ のとき　極大値 9

$x=1$ のとき　極小値 $-\frac{5}{3}$

502 $x=5$ のとき　最大値 $\frac{20}{3}$

$x=0$，3 のとき　最小値 0

503 (1) $f(x)=3x-3$

(2) $f(x)=x^2-x+\frac{1}{6}$

504 $f(x)=3x^2+2x-1$，$g(x)=6x^2-2x+1$

$a=0$，$b=-5$

505 (1) $\frac{1}{3}(x+1)^3+C$　(2) $2(x-2)^4+C$

506 (1) $-\frac{9}{2}$　(2) -9　(3) $-\frac{125}{216}$

(4) $\frac{20\sqrt{5}}{3}$

507 (1) 9　(2) 0

508 (1) $S=\frac{20}{3}$　(2) $S=\frac{10}{3}$

509 (1) $S=\frac{4}{3}$　(2) $S=36$

510 (1) $S=\frac{9}{2}$　(2) $S=8\sqrt{2}$

511 (1) $S=\frac{29}{6}$　(2) $S=\frac{8}{3}$

512 (1) $S=36$　(2) $S=9$

513 (1) $S=\frac{125}{3}$　(2) $S=36$

514 (1) $S=\frac{1}{2}$　(2) $S=\frac{148}{3}$

515 (1) $\frac{5}{2}$　(2) $\frac{9}{2}$

516 (1) $\frac{8}{3}$　(2) 4

517 (1) $S=\frac{8\sqrt{2}}{3}$　(2) $S=2\sqrt{6}$

518 (1) $S=\frac{27}{4}$　(2) $S=\frac{4}{3}$

519 (1) $S=\frac{4}{3}$　(2) $S=\frac{4}{3}$

520 (1) $S=\frac{37}{12}$　(2) $S=\frac{16\sqrt{2}}{15}$

521 $S=\frac{79}{6}$

522 $a=2$

523 $a=-3+\sqrt[3]{9}$

524 $S=\frac{16}{3}$

525 (1) $y=2x-8$　(2) $S=108$

526 (1) $y=3t^2x-2t^3$

(2) $\mathrm{Q}(-2t,\ -8t^3)$　(3) $t=\frac{2}{3}$

527 $y=-2x-1$，$S=\frac{9}{4}$

章末問題

528 $a=3$，$b=-2$，$c=-1$

529 (1) $\frac{9}{2}$　(2) $x=\frac{1}{2}$ のとき　極小値 $\frac{35}{8}$

530 (1) $g(x)=3x$

(2) $x=-2$ のとき　最大値 32

531 $a<-1$

532 $k=-15$

533 (1) $y=(6t^2-12t+12)x-4t^3+6t^2$

(2) $a=-4t^3+6t^2$　(3) $0<a<2$

534 (1) $\mathrm{B}(4,\ 48)$　(2) $S(t)=-3t^3+36t+48$

(3) $\mathrm{P}(2,\ 0)$ のとき　最大値 96

535 (1) $-\sqrt{2}\leqq t\leqq\sqrt{2}$　(2) $y=-\frac{1}{2}t^3+\frac{3}{2}t$

(3) $\theta=0$，$\frac{\pi}{2}$ のとき　最大値 1

$\theta=\pi$，$\frac{3}{2}\pi$ のとき　最小値 -1

5

536 (1) $\frac{1}{2} \leqq t \leqq 4$

(2) $y=t^3-\frac{9}{2}t^2+6t-2$

(3) $x=2$ のとき　最大値 14

$x=-1,\ 1$ のとき　最小値 0

537 $f(x)=3x^2+4x,\ g(x)=3x+6$

538 (1) $f'(x)=-x^2-x$

(2) $x=-2$ のとき　最大値 $\frac{2}{3}$

$x=-1$ のとき　最小値 $-\frac{1}{6}$

539 (1) $0<a<2$ のとき　$-\frac{1}{2}a^2+2a$

$2 \leqq a$ のとき　$\frac{1}{2}a^2-2a+4$

(2) $0<a<3$ のとき　$a^2-3a+\frac{9}{2}$

$3 \leqq a$ のとき　$3a-\frac{9}{2}$

540 (1) $a^2-3b>0$

(2) $\frac{1}{2}(\beta-\alpha)^3$　(3) $\frac{52\sqrt{13}}{27}$

Prominence 数学Ⅱ

●編　者——実教出版編修部

●発行者——小田　良次

●印刷所——共同印刷株式会社

●発行所——実教出版株式会社

〒102-8377
東京都千代田区五番町5
電話〈営業〉(03) 3238-7777
〈編修〉(03) 3238-7785
〈総務〉(03) 3238-7700
https://www.jikkyo.co.jp/

002402023　ISBN978-4-407-35148-4

微分法と積分法

1 平均変化率

関数 $f(x)$ において，x の値が a から b まで変化するときの平均変化率は

$$\frac{f(b)-f(a)}{b-a}$$

2 微分係数

関数 $f(x)$ において，x の値が a から $a+h$ まで変化するときの平均変化率の，h が 0 に限りなく近づくときの極限値

$$f'(a)=\lim_{h\to 0}\frac{f(a+h)-f(a)}{h}$$

3 導関数

$$f'(x)=\lim_{h\to 0}\frac{f(x+h)-f(x)}{h}$$

4 導関数の公式

n は自然数，c，k は定数のとき

(1) $(x^n)'=nx^{n-1}$，$(c)'=0$

(2) $\{kf(x)\}'=kf'(x)$

(3) $\{f(x)\pm g(x)\}'=f'(x)\pm g'(x)$（複号同順）

5 微分係数の図形的意味

関数 $y=f(x)$ の $x=a$ における微分係数 $f'(a)$ は，曲線 $y=f(x)$ 上の点 $(a,\ f(a))$ における接線の傾きを表す。

6 接線の方程式

関数 $y=f(x)$ のグラフ上の点 $(a,\ f(a))$ における接線の方程式は

$$y-f(a)=f'(a)(x-a)$$

7 関数の増加・減少

・$f'(x)>0$ である区間で $f(x)$ は増加

・$f'(x)<0$ である区間で $f(x)$ は減少

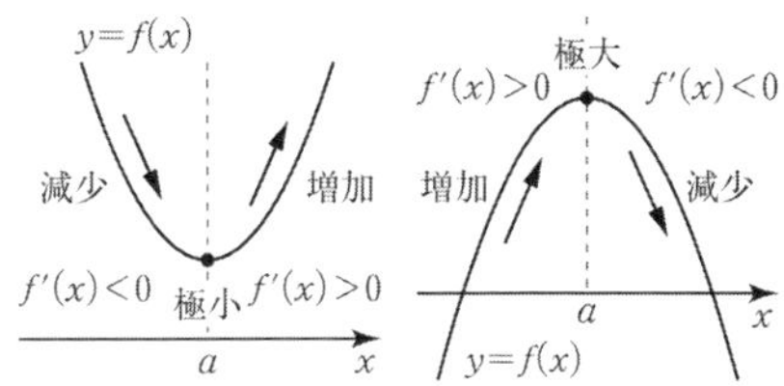

8 関数の極大・極小

$f'(a)=0$ となる $x=a$ の前後で，$f'(x)$ の符号が

・正から負に変わるとき，$f(x)$ は $x=a$ で極大

・負から正に変わるとき，$f(x)$ は $x=a$ で極小

（$f'(a)=0$ であっても $x=a$ で極値をとるとは限らない。）

9 関数の最大・最小

関数に定義域が与えられているとき，最大値・最小値を求めるには，極大値・極小値と定義域の両端における値を調べればよい。

10 不定積分

$F'(x)=f(x)$ のとき

$$\int f(x)\,dx=F(x)+C\ （C\ は積分定数）$$

11 不定積分の性質（複号同順）

C を積分定数とするとき

(1) $\int x^n\,dx=\frac{1}{n+1}x^{n+1}+C$（$n$ は 0 以上の整数）

(2) $\int kf(x)\,dx=k\int f(x)\,dx$（$k$ は定数）

(3) $\int\{f(x)\pm g(x)\}\,dx=\int f(x)\,dx\pm\int g(x)\,dx$

12 定積分

$f(x)$ の不定積分の 1 つを $F(x)$ とするとき

$$\int_a^b f(x)\,dx=\Big[F(x)\Big]_a^b=F(b)-F(a)$$

13 定積分の性質（複号同順）

(1) $\int_a^b kf(x)\,dx=k\int_a^b f(x)\,dx$（$k$ は定数）

(2) $\int_a^b\{f(x)\pm g(x)\}\,dx=\int_a^b f(x)\,dx\pm\int_a^b g(x)\,dx$

(3) $\int_a^a f(x)\,dx=0$

(4) $\int_b^a f(x)\,dx=-\int_a^b f(x)\,dx$

(5) $\int_a^b f(x)\,dx=\int_a^c f(x)\,dx+\int_c^b f(x)\,dx$

14 微分と積分の関係

$$\frac{d}{dx}\int_a^x f(t)\,dt=f(x)\ （a\ は定数）$$

15 定積分と面積 S

(1)

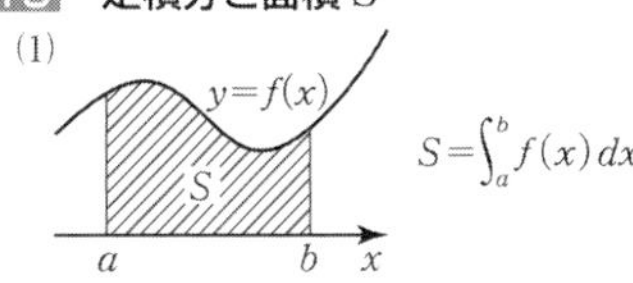

$$S=\int_a^b f(x)\,dx$$

(2)

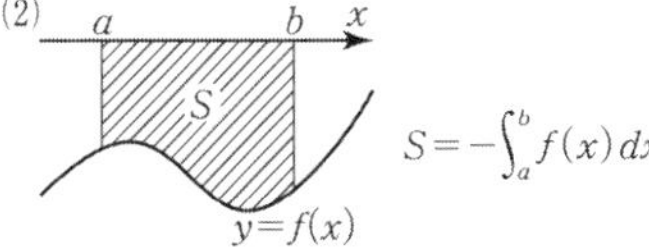

$$S=-\int_a^b f(x)\,dx$$

(3)

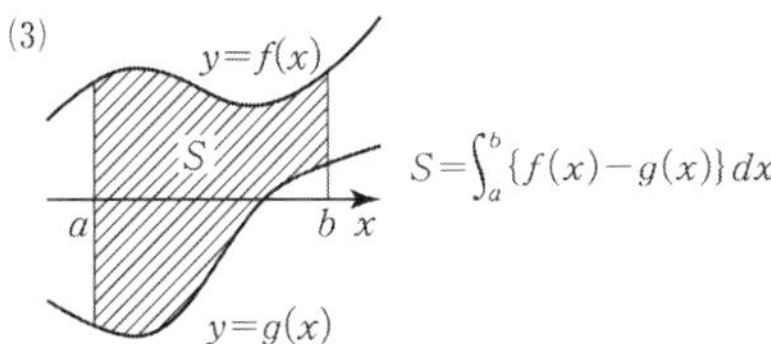

$$S=\int_a^b\{f(x)-g(x)\}\,dx$$

常用対数表（1）

数	0	1	2	3	4	5	6	7	8	9
1.0	.0000	.0043	.0086	.0128	.0170	.0212	.0253	.0294	.0334	.0374
1.1	.0414	.0453	.0492	.0531	.0569	.0607	.0645	.0682	.0719	.0755
1.2	.0792	.0828	.0864	.0899	.0934	.0969	.1004	.1038	.1072	.1106
1.3	.1139	.1173	.1206	.1239	.1271	.1303	.1335	.1367	.1399	.1430
1.4	.1461	.1492	.1523	.1553	.1584	.1614	.1644	.1673	.1703	.1732
1.5	.1761	.1790	.1818	.1847	.1875	.1903	.1931	.1959	.1987	.2014
1.6	.2041	.2068	.2095	.2122	.2148	.2175	.2201	.2227	.2253	.2279
1.7	.2304	.2330	.2355	.2380	.2405	.2430	.2455	.2480	.2504	.2529
1.8	.2553	.2577	.2601	.2625	.2648	.2672	.2695	.2718	.2742	.2765
1.9	.2788	.2810	.2833	.2856	.2878	.2900	.2923	.2945	.2967	.2989
2.0	.3010	.3032	.3054	.3075	.3096	.3118	.3139	.3160	.3181	.3201
2.1	.3222	.3243	.3263	.3284	.3304	.3324	.3345	.3365	.3385	.3404
2.2	.3424	.3444	.3464	.3483	.3502	.3522	.3541	.3560	.3579	.3598
2.3	.3617	.3636	.3655	.3674	.3692	.3711	.3729	.3747	.3766	.3784
2.4	.3802	.3820	.3838	.3856	.3874	.3892	.3909	.3927	.3945	.3962
2.5	.3979	.3997	.4014	.4031	.4048	.4065	.4082	.4099	.4116	.4133
2.6	.4150	.4166	.4183	.4200	.4216	.4232	.4249	.4265	.4281	.4298
2.7	.4314	.4330	.4346	.4362	.4378	.4393	.4409	.4425	.4440	.4456
2.8	.4472	.4487	.4502	.4518	.4533	.4548	.4564	.4579	.4594	.4609
2.9	.4624	.4639	.4654	.4669	.4683	.4698	.4713	.4728	.4742	.4757
3.0	.4771	.4786	.4800	.4814	.4829	.4843	.4857	.4871	.4886	.4900
3.1	.4914	.4928	.4942	.4955	.4969	.4983	.4997	.5011	.5024	.5038
3.2	.5051	.5065	.5079	.5092	.5105	.5119	.5132	.5145	.5159	.5172
3.3	.5185	.5198	.5211	.5224	.5237	.5250	.5263	.5276	.5289	.5302
3.4	.5315	.5328	.5340	.5353	.5366	.5378	.5391	.5403	.5416	.5428
3.5	.5441	.5453	.5465	.5478	.5490	.5502	.5514	.5527	.5539	.5551
3.6	.5563	.5575	.5587	.5599	.5611	.5623	.5635	.5647	.5658	.5670
3.7	.5682	.5694	.5705	.5717	.5729	.5740	.5752	.5763	.5775	.5786
3.8	.5798	.5809	.5821	.5832	.5843	.5855	.5866	.5877	.5888	.5899
3.9	.5911	.5922	.5933	.5944	.5955	.5966	.5977	.5988	.5999	.6010
4.0	.6021	.6031	.6042	.6053	.6064	.6075	.6085	.6096	.6107	.6117
4.1	.6128	.6138	.6149	.6160	.6170	.6180	.6191	.6201	.6212	.6222
4.2	.6232	.6243	.6253	.6263	.6274	.6284	.6294	.6304	.6314	.6325
4.3	.6335	.6345	.6355	.6365	.6375	.6385	.6395	.6405	.6415	.6425
4.4	.6435	.6444	.6454	.6464	.6474	.6484	.6493	.6503	.6513	.6522
4.5	.6532	.6542	.6551	.6561	.6571	.6580	.6590	.6599	.6609	.6618
4.6	.6628	.6637	.6646	.6656	.6665	.6675	.6684	.6693	.6702	.6712
4.7	.6721	.6730	.6739	.6749	.6758	.6767	.6776	.6785	.6794	.6803
4.8	.6812	.6821	.6830	.6839	.6848	.6857	.6866	.6875	.6884	.6893
4.9	.6902	.6911	.6920	.6928	.6937	.6946	.6955	.6964	.6972	.6981
5.0	.6990	.6998	.7007	.7016	.7024	.7033	.7042	.7050	.7059	.7067
5.1	.7076	.7084	.7093	.7101	.7110	.7118	.7126	.7135	.7143	.7152
5.2	.7160	.7168	.7177	.7185	.7193	.7202	.7210	.7218	.7226	.7235
5.3	.7243	.7251	.7259	.7267	.7275	.7284	.7292	.7300	.7308	.7316
5.4	.7324	.7332	.7340	.7348	.7356	.7364	.7372	.7380	.7388	.7396